高层主管
工作笔记

张如烟◎编著

石油工业出版社

内 容 提 要

成为一名优秀的高层主管者并非一日之功,而是长期苦苦修炼的结果。在复杂、不确定的环境中,高层主管者能否带领团队开拓市场、取得骄人的业绩,完全有赖于他的掌控艺术、沟通技巧、领袖风采,以及自我调适能力。对于有梦想的领导者来说,仅仅知道这些道理还不够,更重要的是把它们放在心里,落实到行动上。这样一来,才能边干边悟,从优秀迈向卓越。

图书在版编目(CIP)数据

高层主管工作笔记/张如烟编著.—北京:石油工业出版社,2019.5
ISBN 978-7-5183-3279-3

Ⅰ.①高…　Ⅱ.①张…　Ⅲ.①成功心理—通俗读物　Ⅳ.①B848.4-49

中国版本图书馆CIP数据核字(2019)第076509号

高层主管工作笔记
张如烟　编著

出版发行：石油工业出版社
　　　　　(北京市朝阳区安华里二区1号楼 100011)
网　　址：www.petropub.com
编 辑 部：(010)64523766　图书营销中心：(010)64523633
经　　销：全国新华书店
印　　刷：北京晨旭印刷厂

2019年5月第1版　2019年5月第1次印刷
710×1000毫米　开本：1/16　印张：18.5
字数：320千字

定　价：68.00元
(如发现印装质量问题,我社图书营销中心负责调换)
版权所有,翻印必究

前　言

怎样当好一个高层主管呢？这似乎是一个很复杂的问题。但事实上，只要你抓好几个关键点，就可以轻松地在做好管理的同时也能安排好自己的生活。

想要坐稳高层主管的位置，就必须以能力来说话。没有能力者，只能在失败边缘铤而走险。所以一个合格的高层主管，要尽力使自己成为解决问题的专家，决策能力、创新能力、危机管理能力……一个都不能少。有了出色的能力，才有成功的资本。

卡耐基有一个观点："一个人的成功15%取决于专业本领，85%取决于人际关系与处世技巧。"而美国著名的企业家鲍勃·凯恩在2002年出版的新著《公司人际关系的黄金价值》一书中说："人际关系里面潜藏着巨大的能量，也是世界上最宝贵的财富之一。任何一个公司如果忽略了人际关系的重要性，那么所导致的局面只有一个——失败！"因此作为高层主管，你一定要理顺与上司、同级、下属的关系。这样你才能取得他们的支持，把管理工作做好。

管理方法也有高低之分。一般的管理是以权管人，而高级的管理则是管心。也就是说，基于每一位下属的心理变化而不断调整管理策略和技巧是最高超的管理方法。管理是一种权力，同时也是一种经验和智慧。会管人的高层主管通常是刚中带柔，严中有宽，既懂感情，又知进退，可以真正做到以人为本，激发下属内心深处的干劲和潜能，从而最大限度地实现目标。

成功的高层主管不仅要管理好事业，也应该照顾好自己的生活，给自己留下足够的时间去享受生活的乐趣，放松自己的身心，再以更好的精神状态投入到工作中去。在感情上，处理好自己与伴侣的关系，稳固后方。在你感到疲

急压抑的时候，有一个可以让你休憩放松的港湾。只有事业成功、婚姻幸福才算得上是拥有完满的人生！

本书并不是一本枯燥的管理学读物，不追求玄妙高深的理念，只求对读者有所启发，适合企业高层管理人员阅读，让你在轻松有趣的内容中悟透管理之道。

目 录

第一篇 掌控全局，提升胜任力

一名合格的高层主管，必须明白能力大于权力。在某种程度上，能力就是实力。作为管理者，高层主管必须靠实力说话，以绩效来证明自己，否则便很难站稳脚跟。

第一章 决策能力：出谋划策是领导的基本素养 / 2

  别让闲言碎语干扰了你的决策 / 3
  理性决策必须立足现实 / 5
  全面掌握信息才能作出正确的决策 / 7
  全员决策让企业更具活力 / 10
  作决策要有敏锐独特的眼光 / 12
  决策时，不要盲目追求多元化 / 15
  成功作决策需要胆略和气魄 / 18
  面临太多选择时请相信直觉 / 21

第二章 财务能力：做好财务管理，抓住企业命脉 / 23

  整合预算避免浪费时间 / 24

　　企业融资要量力而行 / 27
　　加强监控，防范内部欺诈 / 30
　　与财务人员沟通至关重要 / 33
　　加强信用管理，防范赊销坏账 / 36
　　加速资金流动，带来最大利润 / 39
　　每一分钱都要花在刀刃上 / 42

第三章　管控能力：领导者要具备化"危"为"机"的本事 / 45

　　危机关头充分利用员工智慧 / 46
　　保持危机感，防患于未然 / 49
　　制度是危机管理的关键 / 52
　　内部防线是危机管理的特点 / 55
　　在危机中寻找转机 / 57
　　危机管理六步曲 / 61

第四章　创新能力：用创新打破眼前的发展僵局 / 64

　　没有创新就没有前途 / 65
　　执著于创新才是合格的高层主管 / 68
　　创新思维是高层主管的成功诀窍 / 71
　　高层主管要做创新的带头人 / 73
　　避开影响创新的七大误区 / 76

第二篇　打通人脉，增强沟通力

　　美国著名人际关系战略专家考克尔有一句经典的名言：人际关系是潜在的黄金！对于高层主管来说，掌握人际关系这门学问尤其重要。与上级要和谐相处，与同级要携手谋事，对下级要恩威并施。只有练就一身游刃有余的功夫，才能进退自如，成为智慧型的管理高手！

目录

第一章　对上司，维系良好的信任关系 / 80

聪明地向上司说"不" / 81
与上司建立融洽的工作关系 / 83
反向约束帮你协调上下关系 / 86
与不同类型的上司搞好关系 / 89
赢得上司支持扩大影响力 / 91
会说帮你赢得上司赏识 / 95

第二章　对骨干，建立良性的互动关系 / 100

六招获得同级的支持 / 101
为高级主管大声喝彩 / 104
给高级主管一个晋升的机会 / 107
把高级主管当伙伴而不是对手 / 110
善于沟通才能有效管理 / 113
八项原则处理同级关系 / 118

第三章　对下属，构建差异化的从属关系 / 122

把握强硬与温情的尺度 / 123
对症下药变反对者为支持者 / 127
让下属成为你的朋友 / 130
让下属感受到你的信任 / 133
体谅犯错的下属 / 137
了解下属与被下属了解一样重要 / 140
奖罚分明才能服众 / 143
当好下属的"和事佬" / 147

第四章 对异性，坚持谨慎的交往关系 / 150

把握距离远离是非 / 151
建立对女性下属恰当的管理方式 / 155
与女秘书相处要把握分寸 / 159
异性下属的"豆腐"吃不得 / 161
读懂你身边的女性下属 / 164
不要把女性下属看作花瓶 / 167
女性领导与男性下属相处之道 / 170

第三篇 领袖魅力，用好软实力

人们通常认为，领导者是通过自己拥有的权力来实现对被领导者的领导的。这种领导是硬性的。而成功的领导者应该通过其人格魅力和才华等非职务影响力来实现领导作用。作为高层主管，非职务影响力的大小对其领导地位的作用和保障是至关重要的。只有"以德服人"而不是"以权压人"，才能形成团结一致的企业团队。

第一章 领导素养：个人素质决定影响力高低 / 174

把高层主管的威信发挥到极致 / 175
让自己胜任不同角色 / 178
打造优秀高层主管的十项基本功 / 181
脚踏实地才能获得下属配合 / 184
喜怒不要太过外露 / 187
以口才展现领袖魅力 / 190

第二章　领导品格：以完美人格展现领袖魅力 / 193

　　心胸宽广才有凝聚力 / 194
　　不做"站着指挥"的高层主管 / 198
　　幽默管理提升个人魅力 / 201
　　以表率树立威望 / 204
　　错误面前多承担一点责任 / 207
　　平易近人才能服人 / 210
　　细心关怀征服人心 / 213
　　做一个公正无私的高层主管 / 216

第三章　领导风范：仪表礼节关乎领导形象 / 219

　　高层主管的着装原则 / 220
　　以优雅举止展示领导魅力 / 222
　　宴请与参加宴请的礼节 / 226
　　访客与待客的礼节 / 230
　　与外国客商打交道时的禁忌 / 232

第四篇　学会休息，保持战斗力

　　每个人都应该有属于自己的休闲生活。没有休闲，生活将变得枯燥而乏味。长此以往，对健康也必将产生危害。因此，高层主管也应该从忙碌的工作中抽出一些时间用于休闲活动。这并不是在浪费时间。休闲活动可以帮你消除疲劳、调剂精神，让你更好地投入到工作中去，取得最佳业绩。

第一章 身体健康，一切努力才会有价值 / 238

成就事业不能以健康为代价 / 239
从"亚健康状态"中走出来 / 243

第二章 心态平和，体验奋斗的伟大意义 / 246

不要给自己制造不幸 / 247
生活中没有真正的完美 / 250
对名利之事看开一点 / 253
对失败不要过多忧虑 / 257
你所拥有的就是最好的生活 / 260

第三章 享受生活，让自己成功并快乐着 / 263

辛苦的工作中也有乐趣 / 264
爱好，让你心灵更富足 / 267
享受适度的酒乐生活 / 270

第四章 反思自我，自信地迈入人生下半场 / 273

尽情享受独处的妙处 / 274
读书是最高境界的人生乐趣 / 277
不要在忙碌中失去自我 / 280
与不良生活方式说再见 / 282

第一篇　掌控全局，提升胜任力

　　一名合格的高层主管，必须明白能力大于权力。在某种程度上，能力就是实力。作为管理者，高层主管必须靠实力说话，以绩效来证明自己，否则便很难站稳脚跟。

第一章
决策能力：出谋划策是领导的基本素养

美国著名管理学家西蒙说："管理就是决策。"高层主管在企业里要充当好决策人的角色，为企业的发展准确无误地判断出方向。而为了做到这一点，高层主管在决策时就必须头脑清醒，集思广益，坚决果断，眼光深远。作为企业的管理者，高层主管必须时刻提醒自己：你的决策就是企业的命运。

别让闲言碎语干扰了你的决策

"一个公司的大小事情，无论如何决断，都会有异议的。这时就要求管理者以卓绝的胆识，大无畏的气概痛下决心，作出英明决断。"

——松下幸之助

企业高层主管是企业的决策人，其每一个决策都可能关系到企业的发展。因而必须在决策之前多收集信息，谨慎决策。但同时，企业高层主管也应该有敏锐的判断力，不要在无用的信息上浪费时间，更不能让它影响了你的决策。

多方听取意见，这正是松下幸之助的经营管理方略之一。不过，松下同时也提醒我们，在决断的时候，不能受舆论的摆布，不能被闲言碎语所左右。在这种情况下，假如管理者已经透彻地了解了事物的真相，就不必顾忌许多，断然决定即可。

一个公司的大小事情，不论如何决断，都会有异议的。有时候，这种反方向的意见甚至更为强大，如洪流一般。如果此时的管理者顾忌太多，就可能感到无所适从，或者作出错误的决断。这时，就要求管理者以卓绝的胆识、大无畏的气概痛下决心，作出英明决断。

1964年10月，松下的一项决策就是这样作出的。当时，松下分析诸方情况，决定停止大型电子计算机的开发生产。在这以前，松下电器的通信部已经为此项工作付出了巨大的人力、物力、财力，并且已经试制成功了该项产品。但是，大型计算机的市场前景却不容乐观，需求量极少。鉴于这种情况，松下

决定及时放弃这个项目。拟议一经发布,顿时舆论哗然,来自内部、外部的不同意见此起彼伏。大家的一致意见是:花费5年时间、耗资10多亿日元的项目就如此放弃,得不偿失;要放弃,日本国内7家生产厂家中的另外6家也可以放弃,又何必是松下首先放弃呢?来自外部的舆论则更有许多猜测,认为松下公司要么是技术跟不上,要么是财政赤字,才放弃这个项目的。就连一些久经沙场的高级职员,对松下的拟议也持怀疑态度。当时,松下非常困扰,但他顶住各种意见和舆论,毅然决定立即停止这个没有前途的项目,把人力、财力、物力用到其他方面。后来的事实证明,松下的这一决策是正确的。

停止大型计算机项目一事,是松下一生遇到的阻力最多的重大决策之一,也是心得最多的一次。他表述自己的体会时说:"在决定一件事情以后,如果能获得大家的理解和支持,那是最好不过了。但有时候因为决策内容的关系却往往得不到别人的谅解。虽然如此,管理者还是应该抛却顾忌,痛下决心。"

一名成功而优秀的高层主管必然是一个虚心纳谏的人,但他更是一个果断的决策者,在面临决策之时,他会多方收集信息,充实与修正自己的决策,但决不会被闲言碎语左右,错失决策的良机。

决策时,来自四面八方的"闲言碎语"可能是善意的。但善意的却未必是正确的!一个合格的高层主管必须培养出敏锐的识别才能,保持自己清醒的判断力,及时、透彻地看清事物,把握其实质。

第一章
决策能力：出谋划策是领导的基本素养

理性决策必须立足现实

贝尔纳是法国著名的作家，一生创作了大量的小说和剧本，在法国影剧史上占有特别的地位。

有一次，法国一家报纸进行了一次智力竞赛，其中有这样一个题目：

如果法国最大的博物馆卢浮宫失火了，情况只允许抢救出一幅画，你会抢救哪一幅？

结果在该报收到的成千上万回答中，贝尔纳以最佳答案获得该题的奖金。他的回答是："我抢离出口最近的那幅画。"

在制订战略决策时，一些企业高层主管往往把决策目标制订得过高而不切实际，这使得决策毫无意义。就像贝尔纳告诉我们的道理一样：成功的最佳目标不是最有价值的那个，而是最有可能实现的那个。

企业高层主管大多倾向于制订较高的决策目标，较高的决策目标会给各个方面一个较好的心理预期。但必须注意到，如果目标高得超出了企业能力所及，当它与现实脱节时，将变得毫无意义。所以，在决策制订了以后，必须要对决策进行评价，就是要分析出该决策能否得到有效实施，也即是该决策所提出的变化范围是否是组织资源所能承受的。

巨人集团可以说是一个典型的案例。巨人集团的危机导火索是"巨人大厦"项目，这个项目是史玉柱个人狂热决策的典型之作：因为巨人根本没有实力建造这样一座全国最高的大厦。更让人不解的是，从1994年2月大厦动工到1996年7月，三年多的时间里，史玉柱竟然没有申请过一分钱的银行贷款，全凭自有资金和卖楼花的钱支撑。稍微懂点经济的人都知道，房地产必须有金融资本做后盾。可史玉柱竟将银行搁置一边，全靠自己公司的资金支撑。到1996年5月，这一做法达到了高峰，各个子公司交来2570万元人民币，史玉柱把留下来的850万元资金全部投入了巨人大厦。但这仍然满足不了大厦建设的需要，史玉柱已经感到了资金的严重不足。在1996年下半年，正当他感到需要外援时，国家的宏观调控影响至深，各处都在紧缩资金，形势非常紧张。从资金运作的角度来看，史玉柱应该让巨人大厦停工，将资金投放于已经染上贫血症的生物工程，使其恢复元气。然而，他仍然一意孤行，把生产和广告促销的资金全部投入到大厦建设。结果生物工程一度停产，资金补给线中断。到1996年下半年，巨人集团财务运作日益窘迫，营销状况颓势尽现，员工士气不振，公司管理陷入混乱。可见，战略本身的失误导致了巨人大厦项目的失败，而巨人大厦的失败也同时绊倒了"巨人"集团。

因此，企业高层主管必须将实事求是的原则贯彻到决策中来，也就是立足于现实、量力而行。无论是战略决策还是战术决策，无论是长期决策还是短期决策，高层主管都要讲究立足现实、量力而行的决策方法。

高层主管作决策时，一定要从本企业的实际情况出发，全面考虑，通盘运筹；不能只强调需要，不考虑可能；更不能一时头脑发热，用理想代替现实，不顾客观条件，制订出不切实际的决策方案。记住，制订战略决策，首先要考虑可行性，其次才是它的价值。

第一章
决策能力：出谋划策是领导的基本素养

全面掌握信息才能作出正确的决策

> 盲目的、随意的决策，有时候看起来很快，实际上准确性非常差。这样的决策"时钟"，快而不准，谁也不会要它。如何进行有效决策，仍然是经理们的重要话题。
>
> ——罗纳德·海费茨

企业决策需要信息，而且必须全面、准确地掌握信息，并反复权衡利弊，对信息的有用性做出正确判断。匆忙地、片面地利用信息，只会造成决策失误。

对于各种信息，常规的决策应该果断和毫不拖延；而重大的决策，应该慎重，反复权衡利弊。上海一家实力雄厚的企业，单凭道听途说的可以赚钱的信息，竟然可以在半天的会议上作出一个投资决策。企业高层主管轻信传闻，在12个月内草率地作出了18个投资决策，导致企业全面亏损。

这样的错误，一些知名的国际大企业也会犯。

20世纪90年代，在美国享有极高声誉的两家制笔公司展开了一场空前激烈的竞争。出人意料的是，实力雄厚、财大气粗的派克公司竟一败涂地，走向衰落。而克罗斯公司则乘机崛起，成了美国制笔业的新霸主。

知情者说，克罗斯公司的兴盛，关键是其市场战略高出派克公司一筹。

被称为"世界第一笔"的派克笔，于1889年申请专利，至今已历经100余年而长盛不衰，年销量达到5500万支，产品销至全世界120多个国家和地

区。克罗斯笔有 90 年以上的历史,年销量达到 6000 多万支。所不同的是,派克笔占领的是高端市场,克罗斯笔则热衷于低端市场。

20 世纪 90 年代初,钢笔市场的竞争日趋激烈。为了在激烈的市场竞争中进一步拓展市场,派克公司任命了新的高层主管彼特森。

由于种种原因,钢笔的高端市场呈疲软状态。为了不使公司的经济效益受影响,也为了打响上任后头一炮,彼特森意欲在拓展市场方面下一番工夫。正密切注视彼特森决策动向的克罗斯公司获悉这一信息后,立即召开会议研讨对策,决定实施策略,和派克公司展开一场殊死的较量。

克罗斯公司通过一家有名气的公共关系信息咨询公司向彼特森提出了"保持高档市场,下大力量开拓低端市场"的建议。这正中彼特森下怀。咨询机构的权威建议,使彼特森没有把主要精力放在市场变化上,来改进派克笔的款式和质量,巩固发展已有的高端市场,而是采纳了开拓低端市场的建议,趁高端市场疲软之时,全力以赴地开拓低端的市场。

听到这个消息,克罗斯公司欣喜若狂,赶紧实施第二步计划。一是装模作样地召开紧急会议,做出一副惶恐、胆怯状,制订出了和派克公司争夺低端市场的措施。二是由公司高层主管给派克公司高层主管致函,声言两家产品的市场流向是有协议的,你们不能出尔反尔,逾行规行不义之事。克罗斯公司这么一番逼真的表演,愈发坚定了彼特森的决策信心,彼特森便紧锣密鼓地开始向低端钢笔市场进军。为了不使派克公司看出破绽,窥出有诈,克罗斯公司还做了几次广告,意制造竞争的紧张气氛,摆出一副决战的架势。这一切派克公司都看在眼里,急在心头。为了抢先一步,派克公司凭借财大气粗和名牌效应,投以巨资大做广告,制造声势。

克罗斯公司见已达到预期目标,便倾全力向空虚的高端钢笔市场挺进。

尽管派克公司花了不小的力气,市场效果却仍不理想。试想,派克笔是高档产品,是人体面的标志。人们购买派克笔,不仅是为了买一种书写工具,更主要的是一种形象、一种体会,以此证明自己的身份。派克笔价格再昂贵,人们也乐意接受。而现在,高贵的派克笔却成了 3 美元 1 支的低档大众货,这还有什么名牌可言呢?派克公司顺利地打进了低端市场,但没有达到预期目的。不仅如此,消费者像受了愚弄似的,拒绝接受廉价的派克笔。

在派克公司的教训中我们悟出:有时候出于种种原因,我们还没来得及掌握全面的情况,就不得不凭直觉作出各种决策,而在这种情况下作出的决策极可能是错误的。

对于企业高层主管来说，认真地对各种混乱无章的信息进行过滤，是决策的重要前提。企业规模大了，没有高质量的决策支持系统，会造成很大的风险。有用的信息对预知未来和有效决策非常重要，但必须下工夫对信息进行过滤，这样决策才会有效。

　　准确是信息的生命，也是决策的生命。没有准确的信息，就不会有准确而科学的决策。因此企业高层主管应善于对所收集的信息、资料进行加工，以便去伪存真，去粗取精，切忌听风就是雨。

全员决策让企业更具活力

美国通用电气公司是一家集团公司。1981年,杰克·韦尔奇接任高层主管后,认为公司管理得太多,而领导得太少,"工人们对自己的工作比老板清楚得多,经理们最好不要横加干涉"。为此,他实行了"全员决策"制度,使那些平时没有机会互相交流的职工、中层管理人员都能出席决策讨论会。"全员决策"的开展,打击了公司官僚主义的弊端,减少了繁琐程序。

实行"全员决策",使通用电气公司在经济不景气的情况下取得巨大进展。韦尔奇被誉为全美最优秀的管理者之一。

决策是关系到一个企业生存发展的大事,那么决策应当由谁来制订呢?企业员工是决策的执行者,而且他们对企业的实施能力及对市场的实际情况更了解。

IBM前任CEO郭士纳每逢要制订重要战略计划时,总是寻找那些负责执行的人员去收集信息,然后分析判断,做出方向性规划,再由大家一起制订战略。例如在他意识到IBM的服务将可能成为其主要竞争优势的时候,他去找IBM的"整合系统服务公司(ISSC)"的负责人丹尼了解情况。丹尼给了他很好的信息和建议,同时也告诉他实施向服务转型的难度:大服务战略既与IBM的传统销售观念相左,也会给财务管理体系造成麻烦。郭士纳经过慎重思考,还是决定公司要向服务转型。但鉴于IBM的具体情况,他采取了保守的步骤。郭士纳与有关执行人员进行了充分的讨论,尽管后来遇到了许多麻烦,但都顺

第一章
决策能力：出谋划策是领导的基本素养

利解决，并最终赢得了战略的胜利。

在诺基亚公司里，如果一项战略决策在制订的过程中没有具体执行人员的参加，那么这些决策是没有希望得到实施的。因为这种做法是违反公司规定的。诺基亚高层主管奥利拉说："我们没有把诺基亚当成一个只有少数几个精英才能说话，其他人只能循规蹈矩地听的地方。"公司每制订一项计划都必须有执行人员在场，并且允许他们发表自己真实的想法和理念。只有一项计划完全得到执行人员的同意和赞成了，才能被确定，然后相关的负责人才能进一步制订计划，并委派专门的小组负责。每一个员工在执行过程中发现计划存在失误时都有权提出异议，并做出适当的修改。正如诺基亚在福特沃斯分厂的一位生产经理所说："诺基亚从不像其他的大公司那样官僚习气严重，它是独特的。在具体执行一项计划时，上司从不规定你必须用什么方法来做，每个小组都有完全的自由决定权。除了某些必须共同遵守的标准以外，你可以自行决定具体的行动方案，只要它是符合事实，有利于预期目标实现的。"

不仅基层管理者从不强迫自己的下属按照自己的行为方式做事，公司最高层主管，包括高层主管兼首席执行官奥利拉也从不武断地做出决定。非技术出身的奥利拉，在说到WCAMA、GPRS、HSCSD或其他专业术语时，他和其他对技术不在行的高层管理人员总会谦逊地往后站，而让那些技术专家自由地侃侃而谈。"我们总是让最了解情况的人做决定"，这是诺基亚制订战略和作决策的最高指导原则，同时也保证了诺基亚战略的正确性。也正是由于这种对"最了解情况的人"的尊重和赋予权力，诺基亚才形成了强大的团队精神和凝聚力，才能保持企业的活力和卓越的竞争力。

高层主管自己着手制订全部决策计划，让下属完全按照决策去执行，这种做法并不可取。因为员工才是实际的执行者。如果不让执行者参与，最终制订出的决策计划，恐怕是难以付诸实施的。

智慧分享

在作决策时，应当是由高层主管制订最核心的部分，也就是发展方向，而具体的行动计划则应该在咨询员工后再制订。让下属参与制订决策，可以让他们更清楚地理解企业所面临的商业环境，加深他们对决策的认识，使得他们在执行决策过程中能够更加同心协力。

作决策要有敏锐独特的眼光

　　投资热点往往成为众人争过的独木桥。好的投资机会往往是一些冷门。其实这样的机会对所有人是均等的,而只有具有清醒战略头脑和独到投资眼光的商家才能捕捉到这样的机会。

——杰克·卫普

　　企业高层主管在决策时,一定要尽力避免"从众心理",眼光要敏锐一些,选择适合自己发展而别的企业不愿做或还没有做的事情。独辟蹊径常常意味着出奇制胜。

　　"二战"结束之后,世界并没有太平。美苏两国为了争霸世界,都不惜耗费国力,大肆扩充军备。其中,苏联的明斯克号核动力航空母舰更是引起世人的瞩目。它排水量大、动力强劲、武器先进,一直以来都触动着记者们的神经,其行踪一直是传媒追逐的目标。苏联解体之后,明斯克号就失去了昔日的风采。先是被俄国人拆去动力和武器,然后作为废铁廉价卖给韩国的公司,准备割开回炉炼钢。中国某公司看出其中的价值,以8000万元成立了明斯克航母世界有限公司,以540万美元的价格把明斯克号买回来,拖到深圳大鹏湾,开始筹建世界独一无二的航母军事主题公园。

　　该公司先是花3亿元巨资将明斯克号修葺一新。为了寻找更多的稀缺资源,该公司还派专员到莫斯科,几经周折买回原舰载的两架退役的武装直升机和两架米格23歼击机。还从处境困难的俄罗斯博物馆廉价租用了一大批珍贵文物,其中包括世界第一颗人造卫星、第一艘宇宙飞船、月球土壤、宇宙服等罕有实物。解放军每年都要淘汰一些武器,该公司派人上门联络之后,又争取到一大批退役的火炮、水陆两用坦克、战机等重型武器。

2000年9月,明斯克航母世界正式开园。10月份,该公司就接待游客40万人次,光是门票收入就达400多万元。非假日里,公司每天的游客仍在6000人以上。到了2001年10月,光是门票收入就已经突破2.5亿元。而舰体的维护费、水电费、人员工资等开支每月600万元左右,可见该公司利润惊人。有专家测算,照此下去,该公司两年可收回全部投资。

明斯克号航空母舰在全世界"独此一艘",所以其知名度自然极高。虽然它作为战斗武器的第一用途已经消失,但是中国的这家公司却以其独到的眼光开发了它的第二用途——旅游。正是独具匠心、变废为宝的投资眼光才使得明斯克号这样的稀有资源重新焕发了光芒而不致被拆解为废铁。

除此之外,开发冷门产品也可能成为决策的一大亮点。

日本美玲工业股份公司是一个综合性的企业,该公司在创建时只有5个人,资本67万日元。短短十余年,公司的资本增长了134倍。美玲公司发展壮大的原因固然很多,但最主要的原因还在于是对"冷门"业务的开发。该公司是以清扫垃圾业务起家的。最初,他们只是承担清扫垃圾工作,而后又根据社会经济发展的需要,增加了自搞的"冷门"项目。例如,他们不仅收集处理家庭、企业、机关和饭店的一般垃圾、工业废物,而且还研究和开发防止公害的技术,并生产和推销污水排泄、粪便处理设备,以及无人管理停车场的营业和安装等。由于他们始终把掌握独特技术和搞"冷门"作为提高企业竞争力的手段,经营的项目又是政府和大企业不能搞、其他一般人又不愿搞的内容,因此便很快顺利地发展起来。

"冷门"产品,就是人们意料之外的产品。开发"冷门"产品是企业决策活动中堪称一绝的"妙棋"。企业高层主管在决策时,要勇于打破传统观念,以新奇取胜。

"出其不意,攻其不备,乃取胜之道。"在战场上,只有运用奇特的方法,才能取胜于敌。在市场的决策上同样也需要出奇制胜。最高明的

决策是他人还未认识到的"妙算";最高明的决策是他人还未来得及预测到的行动。大凡高明的决策者都是见微知著、先知先觉、构思奇特,从而出奇制胜的。决策者必须独具慧眼,别出心裁,从而迎合众心,诱发兴趣。

第一章
决策能力：出谋划策是领导的基本素养

决策时，不要盲目追求多元化

  市场经济的发展特点之一是越来越专业化的竞争。国际上许多优秀大企业都是上百年专注于一个领域，把工作做足、做细，而不是到处插手，盲目多元化。

——柳传志

  现在很多企业都相信，企业应该多元化发展，涉足的领域越广，企业就会发展得越快。而实际上这是一个决策误区。盲目追求多元化，只会给企业带来灾难。

  国内有一些企业，稍具实力，便匆匆忙忙地作出决策：不断开发各种新项目。这种进取精神是值得肯定的，问题是这样做对企业发展是否真的有帮助？

  在奥利拉1992年担任诺基亚高层主管之前，诺基亚的产品线很长，除移动通信产品以外，还生产电视机、电脑、电线甚至胶鞋。奥利拉认为，一个公司的产品过于复杂不利于公司的发展。他这样说："如果你要在世界范围站住脚，你就必须在你从事的领域内挤进前三名。只有这样，你才有可能取得赢利性增长。而一个企业不可能在方方面面都领先，因此，你必须学会专注。"

  专业化的最大困难仍是舍弃，特别是舍弃那些还能盈利的项目。1991年，诺基亚决定专注于移动通信领域的时候，这个领域并不赚钱，公司甚至曾考虑是否取消这个业务。但当决定以此为今后发展的方向后，为了专注这个眼前并不赚钱的主业，诺基亚先后卖掉了电线、电脑、电视机等盈利的产品项目。其中诺基亚当时已经把电视机项目做到欧洲第二的规模。

攥起拳头、突破一点的专业化发展战略今天看来是成功的。诺基亚与摩托罗拉、爱立信相比，实力并不占优势。而诺基亚能后来居上，短短6年就在手机生产上超过两个竞争对手，很重要的一点就是诺基亚的战线相对较短与其走专业化发展道路。其中在专业化道路上，还有不容忽视之处就是它的"归核化发展战略"。

所谓"归核化战略"，即为突出公司竞争优势的战略。"归核化战略"的要义有三：一是把企业经营的业务归集到最具竞争优势的行业之上；二是把本企业经营与开发的重点放在核心行业价值链之上的最具优势的环节上；三是强调企业核心能力的培育、维护和发展。诺基亚"归核化战略"的具体内容包括：

第一，改革诺基亚所经营的业务结构，缩小经营范围，放弃非核心业务，专注电信业务，以突出公司专长，发挥自身拥有的优势；

第二，把移动电话进一步定为诺基亚的支柱产业，并确保诺基亚在该领域进入世界前三名，以确保其取得赢利性增长；

第三，把寻求和确立新的增长点作为培育企业文化的核心内容，并使之成为诺基亚公司发展的动力和职工文化意识，以确保诺基亚长盛不衰。

奥利拉一上任就抓住时机，集中90%的资金和人力加强诺基亚在移动通信器材和多媒体技术上的研究和开发。正如奥利拉所预料的那样，世界移动电话的需求量很快就进入了高速增长时期。当数字电话在欧洲开始流行时，诺基亚早已准备就绪。凭借充满灵感的设计和不断地推陈出新，诺基亚迅速从强大的竞争对手中夺取了自己的市场份额，实现了巨大飞跃，并在1998年成为世界移动电话最大的生产商。同时，在专业化发展战略目标的指导下，诺基亚在当时的增长速度一直保持在50%左右，并进入世界十大上市公司之列。

对某项事务的专注，更多的是一种锲而不舍、全神贯注的精神。在这一点上，诺基亚公司可谓是做到了极致。为使自己在移动领域做到最强，诺基亚相继砍掉了与主业不相干的产品，甚至是依然赚钱的产品。专业化的关键就是舍弃，这不仅要有魄力，而且还要有定力。如果失去一点利益便患得患失，今天的诺基亚公司也未必会这么强。正是对专业化的矢志不渝，才有了今天移动通信第一制造商——诺基亚。

◀◀◀ 第一章
决策能力：出谋划策是领导的基本素养

"伤其十指，不如断其一指"，把资源集中于适应市场机会的企业的核心竞争力上，将产生更大的效益。相反，盲目地平均使用资源，盲目地多样化，最终会像狗熊掰棒子一样，一无所得。

成功作决策需要胆略和气魄

　　春天到了。两颗种子躺在肥沃的土里,开始了下面的对话。

　　第一颗种子说:"我要努力生长!我要向下扎根,还要'出人头地',让茎叶随风摇摆,歌颂春天的到来……我要感受春晖照耀脸庞的温暖,还有晨露滴落花瓣的喜悦。"于是它努力向上生长。

　　第二颗种子说:"我没那么勇敢。我若向下扎根,也许会碰到硬石。我若用力往上钻,可能会伤到我脆弱的茎。我若长出幼芽,难保不会被蜗牛吃掉。我若开花结果,只怕小孩子看了会将我连根拔起。我还是等情况安全些再做打算吧。"于是它继续瑟缩在土里。

　　几天后,一只母鸡在庭院里东啄西啄,这颗种子就这样进了母鸡的肚子。

——松下幸之助

　　作为企业的决策人,高层主管应该具有非同一般的胆识和魄力。而且一旦作出了正确的决策,就不要再考虑太多,勇往直前就能获得成功。如果畏首畏尾,就会像第二颗种子那样一事无成。

　　在20世纪70年代和80年代初期,正当日本公司大举竞争的旌旗冲击着美国企业之时,通用电气以非常谨慎的态度选择自己的营销决策,谨守在最具竞争力的位置与科技领域,至于消费性电器商品则不再投入过多。其CEO韦尔奇声称:"我最大的挑战将是下赌注,我必须把资金下在正确的赌盘上,而不是在每一盘赌局上乱掷金钱。"

对于像通用电气这样超大规模的企业来说，作出一个正确的决策也许并不太难，难的是能否将这一决策坚定不移地实施下去，因为它牵涉的问题太广泛、太复杂。庆幸的是韦尔奇不仅制订了一个大胆的决策，而且进行了一系列更为大胆的实施步骤。

韦尔奇开始思考代表制造、科技与服务的三个核心，全力以赴地把资本投入在这三个领域。拥有数百项事业单位与产品线的通用电气公司，投资决策只采取单一的标准：在全世界的市场中是否能占得数一数二的地位。其中有348个事业单位与产品生产线无法达到此项标准，于是，通用电气卖掉它们，为公司带来了近100亿美元的收入。与此同时，通用电气在留下来的那些事业单位投资18亿美元，扩展规模，也因此获得了17亿美元的收入。

那些在调整后被留下来的事业单位，其中有14个成为世界级的企业。而所有被留下来的事业单位在20世纪90年代的成绩也相当突出，在全球的市场占有率都是"数一数二"的。

与诺基亚的专一化战略不同，通用电气仍坚持多元化经营，但这是一种有着严格标准和更高质量的多元化。

韦尔奇对这一决策目标的实施真有一种开着汽车上月球的架势。

韦尔奇果断、坚毅地面对通用电气面临的难题，设立了严格的标准。他懂得如何去追求，并且能够让通用电气公司成为全美最有竞争力的企业。然而，他却并不希望处身于通用电气的人以为自己是为强悍而强悍，刻意地表现出如此勇敢与残酷的行为。

例如，1981年，韦尔奇宣布将不会在美国设立核能工厂时，所属员工都感到相当沮丧和生气，并且写信陈情。这群最杰出的核能专家和员工献身于核能事业已经30年了，但这都将要结束。这并不是因为通用电气的决策本身有什么不妥之处，他们只是不愿意改变自己的处境。他们不喜欢面对现实，韦尔奇也有同感。他解释说，"这的确是一项艰难的改变，只不过我们也必须向全球性的反核声浪妥协。"

在20世纪80年代，通用电气所进行的决策调整并非没有引发任何的反弹与冲突——无论是在团体或个人方面。因为拥有强韧而平衡的绳索，才可以将那些影响力以软着陆的方式降至最低。而且也正是因为通用电气在初期时曾经做过一些艰难的决定，才能使今天的通用电气可以表现得比过去更坚强。

对企业高层主管来说，变革、决策都是需要勇气，需要决断力的。就像弗雷德里克·赫兹佰格说的那样，"在成功的企业中，你总能看到有人曾作出过大胆的决策"。

没有人能确定自己的决策万无一失，而企业高层主管就只能本着企业整体的目标和方针，发挥自己的智慧，大胆决策。在激烈的竞争中，慢一分钟就可能落后。因此，一旦作出了决策就要果断施行。

第一章
决策能力：出谋划策是领导的基本素养

面临太多选择时请相信直觉

直觉是解决战备问题的所有能力中最为重要的财富。

——科恩

竞争中，企业可能会收集到非常多的资讯。这时要想作出正确决策，将更多地依赖直觉，凭借想象和假设推断，也就是更多地带有主观色彩，而不是也不可能是完全依靠客观信息。

人们通常认为，资讯越多，选择越多越好。但是最近由美国哥伦比亚大学、斯坦福大学共同进行的研究表明：选项太多反而可能造成负面结果。科学家们曾经做了一系列实验，其中有一个让一组被测试者在6种巧克力中选择自己想买的，另外一组被测试者在30种巧克力中选择。结果，后一组中有更多人感到所选的巧克力不太好吃，对自己的选择有点后悔。

另一个实验是在加州斯坦福大学附近的一个以食品种类繁多闻名的超市进行的。工作人员在超市里设置了两个吃摊，一个有6种口味，另一个有24种口味。结果显示，有24种口味的摊位吸引的顾客较多：242位经过的客人中，60%会停下来试吃；而260个经过有6种口味的摊位的客人中，停下来试吃的只有40%。不过最终的结果却是出乎意料：在有6种口味的摊位前停下的顾客30%都至少买了一瓶果酱，而在有24种口味的摊位前的试吃者中只有3%的人购买东西。

太多的东西容易让人游移不定，拿不准主意。同理，对于决策人来说，

太多的意见也会混淆视听。

在大学期间,斯蒂芬·柯维非常尊敬的一位教授有一次告诉他说:"不要放过任何可以到手的书,要尽力去搜集资料,不断地阅读并质疑。这也是学习的过程之一。"柯维听从了老师的建议。结果,这个行为不但对他的求职大有好处,他更觉得自己不会被这个变化莫测的世界抛在后头。当时,他对老师简直佩服得五体投地。

15年后,柯维发觉老师的"教诲"似乎失灵了。理论上来说是不错,但是就实际做法而言,是不可能的。老师强调的在吸收资讯的同时要不断地"质问"这点很对,然而,像块海绵那样吸收知识的方法却是错的。因为,人的记忆实在有限。如今知识像炸弹一般,从世界各地日以继夜地向我们轰炸,能吸收一丁点儿就不错了。

托夫勒在1970年著作《未来的冲击》一书时,早就提出这个警讯了。托夫勒表示:太多、累积太快的资讯如排山倒海而来,会造成莫大的压力。人类所能吸收、处理、记忆的东西有限,任何情况都可能阻碍吸收的效率。

企业高层主管在决策时,一定要能快速收集资讯、加以解读并立即反应;难就难在,如何在工作中掌握解决问题所必需的一切资讯。在你拿不定主意的时候,就要大胆相信自己的直觉。

所谓决策直觉,是指决策者通过亲身的感受、直观的体验而闪现出的智慧之光。它能够对事物或问题的本质,有一种假设性的觉察和敏感。科恩解释说:"直觉是管理者所受教育和经验,以及在战略情境中管理者能够意识到的所有因素的整合,包括意识的和下意识的。"研究者们发现在许多公司里,"直觉"已经用于解决决策问题。世界上许多著名的企业家,往往都具有这种杰出的决策直觉。

专家们也不再不加分析地假定直觉的应用是一种非理性或者无效的方法了。松下幸之助曾表示,理性分析被强调过了头,并且在某些情况下,决策可以通过决策者的直觉加以改善。他说:"要牢记一点,直觉决策不是要取代理性分析,而是两种方法相辅相成。"

企业高层主管工作的主要内容便是作大大小小的决策,而直觉就是许多高层主管赖以作出优秀决策的主要品性。但是直觉不可能在一夜之间出现,它源于判断也源于经验,是在实际工作中不断培养和提高的。

第二章
财务能力:做好财务管理,抓住企业命脉

在一个企业中,几乎所有重大决策都与财务有关,理财是企业管理中一个重要而且富含技巧的工作。作为企业高层主管,你可以不是财务专家,但必须对资金投向、效率、风险等关键问题有自己的判断和把握,这样才能抓住企业命脉,确保企业健康平稳地发展。

整合预算避免浪费时间

  常规预算不必再像许多公司所做的那样既昂贵又费力。只要遵循几个基本的准则，就会意识到预算是实现公司目标的有益工具。

——史蒂芬·柯维

  在公司事务中，每年例行的编制预算，算得上是既费时又费力的"麻烦事"了。一些大型公司甚至要花费6个月的时间来编制预算，预算的编制成为了一项无休无止的负担。

  那么，怎样编制预算才是正确的呢？

  首先，企业高层主管必须把握有效预算的6个步骤：

（1）制定计划。

  良好的预算建立在明确的业务和营销计划基础之上。没有计划，企业就丧失了方向；没有方向，预算就成了痴人说梦。

（2）明确目标。

  作为计划的一部分，明确目标是预算程序中合理的、必不可少的一步。

（3）建立假设。

  预算的关键是建立合理的假设。费用预算也应按各个分项的合理组成部分来计算。可变费用可能因销售活动而改变，管理费用可按某个合理模式计算。应该摒弃那种粗糙的预算方式，即将费用按一定比例增加，并平摊到全年中去。但这对该年度晚些时候可能要做的分析毫无帮助。

（4）销售预测。

销售预测应先于成本和费用预算。因为商业和营销计划是建立在对不断扩展变化的市场假设基础上的，所以应首先确定销售额。

（5）采取措施。

一旦调查结束，就应采取某种措施。如某项费用超出合理预算水平，则应该对此费用进行控制。在问题仅出在一个部门的情况下，修正措施的工作分派很简单。但大多数情况下，问题涉及整个公司，那时就没人愿意负责解决问题了。因此，采取行动以解决问题的责任和权力就又一次落到了财务部门身上。

（6）效果评估。

一旦发现问题并采取修正措施后，就进入了评估阶段。这是一项长年累月、坚持不懈、随时进行的工作。这项工作应成为工作重点，并成为日常工作。预算的监测常被作为占用时间、令人不快、造成不便的工作分派下去。这种情况司空见惯，令人遗憾。不要把控制和评估过程看成是摆弄表格中的数据，而应该将它视为总结经验、改善经营的一项难得契机和重要任务。

此外，还应当把握整合预算的四个基本原则：

（1）速度。

将你一直使用的报表扔掉。现在有基于网络的工具，它们能帮助你减少日常行政管理费用以及管理时间，且又能提供以往手制报表中所提供的信息。

（2）准确性。

传统思维认为完成预算过程的方式只要使参与的人员减少，进而减少管理时间就行了。结果，许多公司将大量工作转嫁到财务人员身上。而事实上，有关公司规划的真实的、有意义的详细情况，比如新产品的开发数量，则被忽略掉了。只有在最基层的管理人员才能在一个不断变化的环境中提供诸如此类的最新情况。解决的办法是尽可能在预算程序中包罗更多的人，但参与的时间要短。

（3）合作。

决策者要始终如一地在个人层次上作出正确的管理和投资决策，从而确保在整个组织中互相合作。为了实现这种合作，要把决策者调动起来，建立强大的目标设定和运营报告机制，这样可确保将经理们适当地调动起来，并作出准确的决策。

　　传统预算耗费了企业高层主管大量的管理时间，因而我们要做的就是从传统的费钱、费力和破坏性的预算程序中解脱出来，让自己和员工的头脑与桌面都得到清理。记住，我们的目标不是要赢得预算游戏的胜利，我们的目标是要战胜对手。

企业融资要量力而行

企业需要不断融入资金。资金短缺可能造成生产停顿或项目流产。摆脱传统思维中的亏损定义的局限，就能做出更明智的战略选择。

——马丁·曼德

融资是公司发展的正常需要，这也是关系到公司生存发展的大事，一旦处理不好便可能带来严重的后果。

那么，企业高层主管在融资时，应注意哪些问题呢？

（1）筹资要有利于公司竞争能力提高。

这主要通过以下几个方面表现出来：第一，通过筹资，壮大了公司资本实力，增强了公司的支付能力和发展后劲，从而减少了公司的竞争对手；第二，通过筹资，提高了公司信誉，扩大了公司产品销路；第三，通过筹资，充分利用规模经济的优势，增加了本公司产品的市场占有率。公司竞争力提高，同公司能筹集来的部分资金的使用效益有密切联系，也是公司筹资时不能不考虑的因素。

（2）始终保持对公司的控制权。

公司为筹资而部分让出公司原有资产的所有权、控制权时，常常会影响公司生产经营活动的独立性，引起公司利润外流，对公司近期和长期效益都有较大影响。如就发行债券和股票两种方式来说，增发股票将会对原有股东对公司的控制权产生冲击，除非他再按相应比例购进新发股票；而债券融资则只增

加公司的债务，而不影响原所有者对公司的控制权。因此，筹资成本低并不是筹资方式的唯一选择标准。

（3）筹资成本应低。

筹资成本指公司为筹措资金而支出的一切费用，主要包括：①筹资过程中的组织管理费用；②筹资后的占用费用；③筹资时支付的其他费用。筹资成本是决定公司筹资效益的决定性因素，对于选择评价筹资方式有着重要意义。因此，公司筹资时，就要充分考虑降低筹资成本的问题。

（4）以用途决定筹资方式和数量。

由于公司将要筹措的资金有着不同用途，因此，筹措资金时，应根据预定用途正确选择是运用长期筹资方式还是短期筹资方式。如果筹集到的资金是用于流动资产的，根据流动资产周转快、易于变现、经营中所需补充的数额较小、占用时间较短等特点，可选择各种短期筹资方式，如商业信用、短期贷款等；如果筹集到的资金是用于长期投资或购买固定资产的，由于这些运用方式要求数额大、占用时间长，应选择各种长期筹资方式，如发行债券或股票、公司内部积累、长期贷款、信托筹资、租赁筹资等。

（5）筹资风险要低。

公司筹资必须权衡各种筹资渠道筹资风险的大小。例如，公司采用可变利率计息筹资，当市场利率上升时，公司需支付的利息额也会相应增大；利用外资方式，汇率的波动可能使公司偿付更多的资金；有些出资人发生违约，不按合同注资或提前抽回资金，将会给公司造成重大损失。因此，公司筹资必须选择风险小的方式，以减少风险损失。如目前利率较高，而预测不久的将来利率要下落，此时筹资应要求按浮动利率计息；如果预测结果相反，则应要求按固定利率计息。再如利用外资，应避免用硬货币偿还本息，而争取用软货币偿付，以避免由于汇率的上升，硬货币贬值带来损失。同时，在筹资过程中，还应选择那些信誉良好、实力较强的出资人，以减少违约现象的发生。

公司筹资都有其代价，这是市场经济等价交换原则的客观要求。正由于此，公司在筹资过程中，筹措多少才算适宜，这是领导必须慎重考

虑的问题。筹资过多会造成浪费，增加成本，且亦可能因负债过多到期无法偿还，增加公司经营风险；筹资不足又会影响计划中的正常业务发展。因此，在筹资过程中，必须考虑需要与可能，做到量力而行。

加强监控，防范内部欺诈

　　春秋时期，楚国令尹孙叔敖修建了一条南北水渠。这条水渠又宽又长，足以灌溉沿渠的万顷农田。可是一到天旱的时侯，沿堤的农民就在渠水退去的堤岸边种植庄稼，有的甚至还把农作物种到了堤中央。等到雨水一多，渠水上涨，这些农民为了保住庄稼和渠田，便偷偷地在堤坝上挖开口子放水。这样的情况越来越严重，一条辛苦挖成的水渠，被弄得遍体鳞伤，面目全非，因决口而经常发生水灾，也就变水利为水害了。

　　面对这种情形，历代行政官员都无可奈何。每当渠水暴涨成灾时，便调动军队去修筑堤坝，堵塞漏洞。后来宋代李若谷出任知县时，也碰到了决口修堤这个头疼的问题，他便贴出告示说："今后凡是水渠决口，不再调动军队修堤，只抽调沿渠的百姓，让他们自己把决口的堤坝修好。"这个布告贴出以后，再也没有人偷偷地去掘堤放水了。

　　企业管理总是有漏洞可寻的，一些员工甚至可能为了自己的私利而做出损害团队利益的事情。在这种情况下，建立严格有效的监督内控机制来保护公司资产就非常重要了。就像故事中李若谷做的那样，建立严格制度，不许有人浑水摸鱼。

　　"千里之堤，溃于蚁穴"，很多公司因为监控不力，资产被内部的员工监守自盗，造成了不可估量的损失。而除了财务的损失外，这种事件的发生使得员工对于公司的信心和管理层的能力、诚信都产生怀疑和动摇，这种负面影响对公司的长远发展是不利的。

为了企业长期良好的发展，公司要制订能够防范资产流失的内控机制并加以悉心维护。毕竟不能仅仅依靠人的道德自律，只有规范的制度才是强化员工道德和使公司的安全得到保障并运作良好的基石。

整个工作应从制订详尽的安全计划入手，同时管理层的要求和支持对整个计划的实施也是非常重要的。最好的办法是从各部门员工处获取支持，以使计划能够覆盖所有主要的职能部门，这是保护公司资产的关键所在。

（1）财务管理控制。

会计控制是公司内控机制最重要的部分。会计系统，特别是与其他业务（比如存货管理）相关的系统，其本质是提供内部控制机制，以跟踪资产并对有疑问的行为进行交叉核查。这样就使得会计部门成为了公司内部控制计划的关键部门。

内控计划可能有不同形式，但都应含有以下基本内容：计划要将运营职责在各部门间相互分离，特别是那些直接控制资产的部门；员工应能胜任所负职责；所有交易记录和资产监管应分开管理。

（2）盗窃的途径。

当为操作运营设定目标时，应付账款是会计系统中最容易和最经常被钻空子之处。即使没有流动资产，聪明的贪污者也会注意到在资金流出最大的地方，总是有机可乘。

为了防止这一现象，合理的步骤是将付款职能分开。如果一人负责支付的审查和批复，另一人负责开支票，那么出错和盗用的机会就会减少。

将收入登记入账是另一处可乘之机。就像处理应付账款一样，将付款和记账职责分开非常关键。负责销售的人员不应是将其计入总账的人员。如果你的公司还不是这样做的话，那么就需要做一些改变。

应定期核实应收账款是否已收到，以保持记录的准确性。有时银行对此也有所要求，特别是当应收账款用做担保时更是如此。给随机挑选的客户寄信要求确认欠款的数目是较为普遍的做法。

存货管理对盗窃行为来说尤为敏感。解决这一问题的方法非常简单：小心做好各项记录，最好按照会计功能做一个详细的电子备份，仔细处理公司货物。而使用带有合适的相互制衡机制的永久性存货管理系统，则有助于你严密监视所有行为。

工资单是另一个薄弱之处。盗窃工资不仅指武装抢劫运钞车，更多的是指员工伪造时间表，或是某位员工已经离职多日，却仍在为其打卡上班，从而导致工资慢慢地流失。

多余的现金有时会被用于短期投资。这是另一个需要监控的地方，因为它可能会被滥用。

（3）更多安全措施。

然而，仍有一些掌握了关键技能的员工能够破坏堪称最好的、设计完善的保护系统。对此，你首先要保证以下措施已得到落实：

①通知员工公司已设置并使用内控系统，但别告诉他们关于该系统的详细内容。因为他们知道的越多，就越有可能发现系统的弱点并试着去破坏。

②你已经将记账与现金（或账户）处理分开，这样你就随时随地有了一道天然的相互制衡屏障。这是影响内控机制成功与否的关键之处。

③管理人员要承诺保持内控机制的操作标准。除此之外，还要建立一个各主要部门参与并支持的内控系统。

④会计系统可以作为发现错误和违法行为的工具，而不仅仅只是用于说明公司的财务状况。如果你还没有使用会计系统的这一功能，那么，一个强有力的工具正从你手中溜走。

以上就是一个制订并维护得较好的并且能够防范资产流失的内控机制的全部内容。这一机制在运作良好的状态下不仅能使公司的安全得到保障，还能够强化员工道德。因此，建立这一制度本身就非常有价值。

智慧分享

企业内部建立一个有效的内控机制，不仅是必要而且也是必须的；因为内部欺诈给公司造成的损害是难以估量的——不仅导致公司资产慢慢流失，还会影响企业凝聚力，动摇企业根基。

第二章
财务能力：做好财务管理，抓住企业命脉

与财务人员沟通至关重要

　　海狮巴乔决定带着家族成员向另一地迁徙，在那里它们可以获得更多的食物，能够更自在地生活。到达那里就要穿过一条很长的海峡，但那里有非常多的鲨鱼。还有，它们没有多少捕猎机会，必须自己带够鱼干。这是一次曲折的迁徙，途中它们几次遇到可怕的风暴，但在首领巴乔的带领下都挺了过去，现在马上就要通过那条可怕的海峡了。然而巴乔却不得不停止这次迁徙活动，因为此刻它才知道风暴中它们失去了大部分鱼干，现在已是"弹尽粮绝"。不过，这次失败的迁徙也并非毫无意义，它至少教会了巴乔一个道理：一个合格的首领不能只顾冲锋陷阵，还要看好自己的"钱袋子"。

　　在企业经营过程中，高层主管一定要注意与财务人员沟通意见。这对于保证企业正常运营有着非常重要的意义。

　　我们可以看到：一个企业对另一个企业实施兼并、收购，对方企业的其他人员可以保留，但其总经理和财务主管必须更换。由此，我们可以看出财务人员对一个企业有多么重要。

　　高层主管未必个个都是理财高手，他不可能在脱离财务人员的帮助下而精通所有财务问题。财务问题是企业中的喉舌，同时也是一门专业性很强的学问。高层主管要想决策正确，必须时常听听财务人员的意见。

　　听取财务人员意见的前提之一是财务人员能够提供正确的意见。我们时

常碰到这样一种现象：财务人员在公司中很少与其他部门沟通，他们似乎独立地填制凭证、记账、结账、出具报表，恐怕彼此间的沟通，只是在发放工资与报销凭证时的几次照面。财务人员往往由于较少与外界（企业的经常环境）相接触，因而很难用全面、整体的眼光来看待企业所面临的抉择。这也是高层主管时常忽视财务人员意见的重要原因之一。

这里面也有高层主管的过错。如果你能时常与财务人员相沟通，你可以将企业的抉择以一种全面而整体的观点传递给财务人员；同时，财务人员也可以将公司的财务状况以自己的观点传递给你。

这种双向的沟通，将不断提高财务人员看问题的水平，从而使其意见更具参考价值，最终受益的还是高层主管者们。

不要错过任何可利用的机会，多听听财务人员的意见。

听取财务人员意见的好处：

（1）以客观的眼光分析企业的财务状况、盈利水平及现金流量状况；

（2）更加敏锐地找出其中的漏洞；

（3）知道自己力所能及的界限；

（4）明白下一步努力的方向；

（5）不被晦涩的财务术语所困扰；

（6）清楚经费的底限和可接受风险的上限。

你可以采取定期交流的方式或者不定期的方式常与你的财务主管相沟通，彼此交换意见。沟通时间可以是每月一次、每周一次甚至每天一次。

你也可以根据需要，随时找到财务主管，听取他们的意见。

需听取财务人员意见的情形：

（1）重大的投资决定；

（2）向银行贷款；

（3）对外抵押企业财产；

（4）重大的购买行为；

（5）向股东分配利润；

（6）发行股票、上市筹资；

（7）向非金融机构借款；

（8）巨额的偿债行为；

（9）增、减资决定；

（10）职员福利分配方案；

（11）与其他企业合资、合并的意见；

（12）对外兼并。

这些决定，必须要听取财务人员的意见。因为，你必须清楚：在这些问题上，财务人员比你专业，更熟悉事情的本来面目，看问题要比你更加客观。

经常性地与财务人员沟通意见，可以使高层主管更好地把握企业的财务管理，在为企业作决策时能更准确更客观。当然，作为企业高层主管，最后做决定的仍是你自己。财务人员无法代替你的角色，但你要做的是必须确定：你的决定的确是参考了财务专家的意见的。

加强信用管理,防范赊销坏账

　　有效的信用管理可以使销售资金的使用更符合公司的整体利益,求得"最低赊销成本"和"最大销售成长"之间的平衡。

——张忠谋

　　对于企业管理者来说,加强企业的信用管理是必要且明智的。尤其是在尚未形成真正商业信用环境的今天,防范信用危机是企业管理的重中之重。

　　有一句话,用来概括信用和客户都是恰当的:它们既是公司最长远的收益,也时时带给公司最难预期的风险。商业信用交易中的卖方,其风险和损失的结果不外乎两方面。一是坏账,除了少数报损外,更多是挂账在应收账款、存货等形形色色的资产科目中;二是拖欠,即所有虽然能回款但长期占压的欠款资金成本。两种风险都对损益表和现金流量表产生负面的影响。但由于后者混杂于财务费用中,很少有单独的统计,常被众多企业管理人员视而不见。

　　面对被不成熟的信用环境和薄弱的信用管理基础放大数倍的风险,信用管理链成为一个必然被强调的观念。

　　信用交易是在商品交易基础上衍生的,因此信用管理链也应当与商品交易链环环对应。商品交易链可以概括为:客户接洽、商业谈判、合同签订、货物转移、货款回收和逾期追款。与之相应的信用管理链则有:考察评估客户、选择信用政策、制订保障(抵押担保)条款、跟踪货物账款、常规账款催收、特殊危机处理。

（1）构建信用管理组织。

独立、明确的信用管理职能定位，必然要求独立的信用管理机构。系统的建立，流程的完善，都将最终落实到既有效率又讲效果的这一机构上。

组织方式在任何企业都是一个敏感的领域。信用管理机构和平级的销售、财务部门在工作上的协作和监督双重关系，更增加了这种敏感程度。信用管理所提供的，毕竟不只是收款和放贷的建议，它还对企业决策层制订收款放贷的游戏规则，对企业决策层以信用为由允许或否决一项业务产生重要影响。这种监督的关系，引发了很多企业信用组织方面的问题。

屡见不鲜的严重问题有：信用政策成了一纸空文；信用管理在众多管理者的观念中形成了错误的判断，认为信用管理扰乱了销售收款的传统责任，财务干涉业务等。最终，企业决策层需要花费大量的时间在信用政策的协调和执行上，甚至完全取代信用管理机构在企业中的角色。

一个良好的信用组织，必然符合如下几点标准：信用管理人员在技术上能提供专业的观点；在利益上能独立于销售业绩奖惩而提供中立的观点；在权责上能在大多数情况下与销售部门协调。

（2）客户管理为重。

客户管理虽然在信用交易发生之前，但却是信用管理的重中之重。

要控制核心客户的数量。核心客户有两种：一是按照"二八原则"界定的大客户，即按照历年对销售业绩构成80%贡献率的最大客户；二是持续往来多年、享受较优惠的信用政策，但也容易疏于防范的中小客户。

核心信用客户的风险损失后果要比其他客户更严重，因而它的信息工作要求更细，信息管理成本也更高。

把握客户还款的特征。还款特征不完全与客户的交易能力有关，它是一种习惯。对交易一段时期的任何信用客户，都可以总结出这种习惯，从而需要采用有区别的催收策略。

设计客户评估的策略。信用管理的工作之一，就是要辅导销售和财务人员做好客户信息的搜集和分析工作。

从多角度的信用信息到信用等级的评估，需要一种模型。它将所有的客户信息归纳为几个方面，比如经营能力、财务能力、交易过往记录等，每方面再分几十个细项，各细项分别设置权重分。然后，通过对每一细项打分，从量化和非量化的客户信息中得出客户等级（客户风险评分），从而适用相应的信用政策。

智慧分享

在中国,企业信用管理主要应注意赊销坏账。例如,赊销的合理回报率没有保证;支持信用的资本资源不够充分,经常需要自身和银行融资来保持还款等待期;信用记录以及与此相关联的信用监督和惩罚系统(包括商业手段和法律手段)不完善等。只有处理好这些问题企业才能健康发展。

加速资金流动,带来最大利润

在企业的各种经营中,只有成本领先于竞争对手才是生存、发展和壮大自己的关键。

——约翰·帕特森

为了维持企业的业务活动,必须有资金不断地流动。资金停滞不仅不能产生效益,肯定还会带来损失,严重者甚至可能导致倒闭。因此,如何加速资金流动就是企业高层主管必须做好的问题。

资金不足、周转不灵,是高层主管最头痛的事。许多公司的经营状况并不差,但却经常感到资金周转不灵,经营困难。其原因通常有以下9种:

(1)产品滞销。

产品制成后不适合市场需要,储存于仓库,收不回投入的资金,自然导致资金困难,无法继续生产和经营。在经济不景气时,许多公司因产品滞销,无法维持而倒闭。

(2)材料呆存。

购入材料的目的,是为了迅速制成产品,销售出去,收回现金,以便循环使用。如购入材料质量不适合用,在库呆存太多,必然造成运营困难。

(3)固定资产投资过多。

有的高层主管规划不周全,拼命扩充设备,增加固定资产投资,投产后产品销售不出去,造成资金周转困难。

（4）负债过重。

公司负债过多，利息负担过重。当营业不能获得相当收益时，负债到期无法清偿，势必形成以债养债，利息进一步增加的窘境。如此恶性循环，营运会更陷于困境。

（5）货款收回太慢。

产品售出应及时收回货款，资金才能周转。如应收货款过多长期收不回来，造成呆账、坏账，必然导致资金周转不灵。

（6）经营发生亏损。

营业发生亏损，入不抵出，资金越来越少。长期下去，企业将无资金可用，经营无法进行，公司终必关闭。

（7）盈余无适当保留。

每年盈余全部分光，无适当保留。如增加设备扩大经营必须靠借债支付，借债要付利息，利息增加则盈利减少，互相循环影响，营运更感困难。

（8）虚盈实亏。

在物价持续上涨情况下，公司的盈利是涨价因素所形成的。因为账面记录与成本计算是按历史成本计算的，而售价是按现时价计算，两者之差转化为利润。除去上交所得税后，再去购买实物也不能补偿已耗用实物。越周转盈利越多，而实物量越少，造成账面上盈余，实质上亏本。时间一久，资金困难的问题会更为严重。

（9）欠缺周密的资金计划。

有些公司虽然有盈利、资金也不少，但由于缺少一个周密科学的资金计划表，一旦发生未预料的情况就会产生困难，而且资金使用效果也不会好。

高层主管要想解决资金周转不灵或不足，应以预防为主，其方法不外乎针对上述各种原因，一边观察一边加强控制。例如产品及材料不要库存过多；固定资产投资，应作好估测，不可盲目扩张；应收货款要加强管理落实责任，及时回收；营业有盈余时，对生产经营所需资金应适当保留，以巩固财务基础；当然最重要的是不发生亏损。除此之外，解决资金不足途径有以下几种：

（1）公司增加资本金。

由业主直接以现金投入公司，增加公司可运用的资金。

（2）发行公司债券。

报经国家批准，发行公司债券，以解决资金不足。

（3）筹措债务资金。

向银行申请借款或票据贴现，以及向其他单位、团体、个人借款；还可改变贷款结算条件和方式。

（4）加速处理呆废料及闲置资产。

呆滞材料及废料的存在是管理上的一个死角，尤其当数量多、金额大时，其对于公司是个严重问题。它不但积压资金，还要支付仓储费、保管费及维护费。有些积压呆滞物资是越压越不值钱，甚至变质。变卖后既可收回部分现金，还可节约部分费用，增加公司盈利，何乐而不为呢？

（5）减少固定资产投资。

公司增加固定资产投资后，如营业额及利润不能成比例增加，即会变成难以摆脱的负担。故扩充设备、增加资产，必须事前做好市场调查，搞好预测及计划，避免"先天性不良"造成公司亏损。所以，要尽量减少盲目的固定资产再投资。

（6）节省各种费用支出。

节约各项费用支出，降低产品成本，一方面可以扩大利润，另一方面也节约了资金，使资金相对增加。因此，必须制订一套严密有效的成本费用控制方法，共同遵守，认真执行，方见其效。

（7）发动职工参与资金管理。

资金运动是通过广大职工工作进行的。哪里有积压，何处有活力，职工最清楚。因此，必须把资金指标进行分解，实行分级分岗目标管理责任制，按期检查考核指标完成情况，奖优、罚劣，是解决资金周转不灵最根本的措施和方法。如库存材料定额应由采购和保管人员负责，产品销售由销售部门负责，产品生产周转期由生产部门负责，并制订资金占用额和资金周转期指标。有些指标还可分解落实到个人，做到人人有责。大家都动员起来，就可解决资金周转不灵问题。

智慧分享

为了保障资金周转，还要做好资金调度工作。而资金调度的最高目标就是：需要资金时，有钱可用，不因资金不足而影响公司的生产经营业务；资金多余时，又能适当运用，增加公司收益，从而创造出在同行业中占用额减少、周转速度较快、创造剩余价值较多的优势，最终实现公司的目标。

每一分钱都要花在刀刃上

在企业的各种经营中,只有成本领先于竞争对手才是生存、发展和壮大自己的关键。

——约翰·帕特森

作为一名企业高层主管,要对企业的开支做到有效监管,避免任何浪费行为,节约开销对企业的发展是至关重要的。

如何去控制不必要的花销,常用的办法是:

(1)防范攀比。

在办公用品的购买上,这种症状的表现是十分突出的。如公司人事部的经理对高层主管说,办公室需要购买两张桌子和一个茶几。尤其对人事部来说,这些办公用品的添置有助于公司形象的完美。如果你批准了,那可就惹下麻烦了。没过几天,其他部门的经理会不约而同地前来,向你报告,他们也需要改善一下办公条件……依此互相攀比下去,那样你就惨了。你不得不去派人购回这些东西,否则将无法将各部门的怒气抚平。这种购买活动,真是牵一发而动全身。

(2)不是非买不可就放弃。

分析人们的消费心理,一般的人总是存在着"可买可不买"与"非买不可"两种心理活动。很简单的一个例子,某公司为了业务需要,将添置8台计算机,这对一个正在发展阶段的公司来说,算不了什么,高层主管会很干脆地签下支票，让采购部门去办理。但是正是有了这种应该买或者是可买可不买的心态，使人产生"非买不可"的压力。在某种情况下，反而会造成一种错觉，滋生"他都有了，那么我也应买"的群体攀比心理，导致公司购买更大数量的同类物品。

（3）滚雪球式的开支。

如果公司的某项费用如滚雪球一样难以控制，必然会影响到公司的其他工作。公司推行办公自动化，就是一个典型的例子。

某公司准备改善办公条件，专门组建了一个办公自动化小组，以便使机器的购买、设备的配套和经费等问题得以落实和妥善解决。经过一个多月的论证、调查和询价，决定为公司先购置10台计算机，并建立一个小型的计算机网络终端。当设备进公司那天，公司各部门如过节一般欢快。但是第二天财务部又接到了更多的账单。

因为购买回的计算机，还需要大量的辅助设备等其他的开支。办公室秘书部门与电脑配套，购置了3台打印机；财务部门则购买了新式的财务软件，其价格远远超过了整机价格；为高层主管和两位副总配备了3个隔音罩。结果，两个月以后，财务部门发现，为电脑的配套开支已远远超过购买设备主机的费用。

所以在购买新设备的时候，深思熟虑的高层主管总是亲自审定报告，决定购买与否，以防止这种滚雪球似的开支出现，避免互相攀比的风气发生。

每一家公司都有节约成本的绝招，即那些相对而言比较容易节省开支的办法，但下面这些做法对大多数公司来讲都适用。

（1）租用。

过去的几年一直是商品买方市场，物业租金不断降低，成千上万的租户无事可做。如果你是个声名不错的租户，你的房东会竭尽全力让你留下来，这可是你讨价还价的绝好机会。

（2）利用废纸的背面。

你也许会嘲笑这种显得非常小气的做法，但是如果你认真计算过你的公司每年在办公用纸上的开销，你就会惊讶地发现这个措施的成本节约效果是多么显著。事实上，很多著名的大公司早就开始这样干了。同样的思路还可应用于公司的其他方面，例如与别的公司合用办公设备、会议室等。

　　作为一名企业高层主管,任何时候都要对开支精打细算,降低成本,减少费用。精明的高层主管,总是把一元钱当两元钱用。该用的时候,就把钱用在刀刃上;不该用的,一元钱也不多花。因为,他们深知,如果在某一个地方用错了一元钱,并不只是损失了一元钱,而是花了更多的钱。

第三章
管控能力：领导者要具备化"危"为"机"的本事

　　企业无论规模大小，无论身处何种行业，都需要危机管理。而驾驭危机的能力也往往体现了企业高层主管管理水平的高低。在处理危机过程中必须谨慎小心，否则很可能会失去市场份额和消费者的信任。因此企业高层主管一定要把危机管理重视起来。

危机关头充分利用员工智慧

  如果员工在第一时间了解到企业重大事件的真相,危急时刻就会挺身而出,帮助企业渡过难关。

——理查德·帕斯卡尔

  在公司经营出现危机时,很多企业高层主管都对其重视不够,缺少与员工的沟通,导致无法上下一心,共渡难关,这是非常令人遗憾的。

  员工是最复杂、最敏感的群体。员工们坚信,凭着自己的辛勤工作和对企业的耿耿忠心,他们有权了解企业的最新信息。长期工作培养出了员工强烈的主人翁意识,因此,他们相信自己应成为公司决策的重要组成部分。

  员工通常会把公司中发生的事情和个人联系在一起。他们会关注工作稳定性、公司士气和团队配合,会担心企业裁员和减薪。最重要的是,他们会将这一切和个人事业、生活质量、薪水乃至家庭义务联系起来。

  上面所说的这些都可归入沟通的范畴。良好的沟通可以使员工专注于工作,减轻恐惧和忧虑,在企业中维持一种乐观上进、信心十足的氛围。员工是企业最坚定的同盟,也可成为企业最大的对手。其中,上下沟通至关重要。高层主管常以自己工作繁忙为由很少与员工进行沟通,其实这样的做法极其错误。沟通并不意味着浪费时间,而且很多事情大都是在良好沟通的基础上上下团结一致才完成的。

  那么,怎样做才是正确的呢?

第三章
管控能力：领导者要具备化"危"为"机"的本事

（1）要求每个员工都忠实地贡献出智慧。

在松下电气公司发展的阶段，曾经有一个对手，想用不正当的手段来打击他们，以低于成本的价格抛售和他们同型的产品。那时，松下销售线上的员工，整天听到的都是顾客抱怨他们的定价太高，甚至于有些顾客会坦白地告诉松下的销售人员说："如果你们再不降低售价，我们就不再购买松下公司的产品了。"

坚持不降价等于没解决问题；降价太少，顾客不见得会满意，又不能使销售线上的同仁真正了解情况的危急；降价过多，更不是正当方法，长久下来，往往会把企业拖垮。

松下认为，一个真正有智慧、有魄力的经营管理者在面临这种情况时，应该召集业务部的人员，并告诫他们："你们应该婉转地向顾客解释，我们每种产品的定价都是合理的，除了成本之外，只加上合理的利润。而这些利润，我们必须支持企业本身的发展，如缴纳税金，分配给股东应得的投资报酬，拨付研究经费，以改良产品来增加对大众的服务。只有像我们这样正派的经营方针，才能促使社会繁荣富裕。我们不会以违反常理的贱价抛售产品，这样不仅危害到企业的根基，对整个社会也都将造成伤害。"

当销售人员听完这一番诚恳的解说之后，了解了公司的立场，于是鼓起勇气对顾客据理解说；比较明了事理的顾客，自然会同情和谅解，使得松下渡过了这道难关。

（2）让每一名职员有机会提出自己的意见和建议。

雷诺公司专为核动力潜艇生产降低噪音设备，公司的信誉有口皆碑。但在一次订货合同中，由于各种原因，工程进度大大慢于预想的速度要求。公司领导亲自莅临施工现场，督促全公司上万名员工加快施工进程，经过一年的努力，公司终于按期交送买方第一批订货，到手的3亿美元货款缓解了公司紧张的财政窘况，公司上下都为之松了口气。当完成第二批订货的时候，公司技术部对仓库中即将装运的设备进行了最后一次预检，结果让人大出意料。技术人员发现有一件设备的主机动力线被剪断了，技术部立即封存了这批订货，并将情况详报了公司高层主管。

高层主管决定召集全公司职员，把问题全部公之于众，谋求最完善的解决办法。并且，时间只有2天。上万名员工来到装配车间，高层主管向他们说明了公司面临的危机："伙计们，如果我们不能顺利渡过这场劫难，不只你们，还包括我，全都会流落街头，到贫民窟去寻找我们的立足点。这个棘手的问题关系到公司上下万名员工的共同利益，我没有权力独自做出决定。所以把你们召集来，就是要寻求一个两全其美的办法来，保住公司的荣誉，保住你我的饭碗。好了，大家努力吧，上帝赐福我们。"

公司立即成立了几个机动小组，分别就问题的关键环节寻找答案。他们花去5个小时，明确了事故责任的归属问题，这涉及到具体任务执行人员和他们的直接授权人。又花去3个小时，找出了每个环节带来麻烦的责任人……

在这次危机事件的处理上，管理者把处理问题的权力下放，让每一名职员有机会提出自己的意见和建议。据事后统计，在危机处理过程中，关于各环节问题由员工提出的成功行动计划超过了15000个。这是集体智慧的结晶，团体协作的积极效果，而这也直接促成了雷诺公司此次危机的迅速解决。

危机来临时，不是想当然地认为员工们会主动出手，而是应主动向他们求助，坦率说明他们的帮助对公司有多重要，这样做必然会强化员工对公司的责任感和支持度。

不要向员工隐瞒坏消息。如果你能像对待成绩那样坦陈问题，你在员工心目中的地位和信任感会大大提高。记住：和员工进行交流沟通时，要从员工角度出发。"己所不欲，勿施于人"，把握住这个原则，保持和员工的良好沟通，企业便不会有什么渡不过的难关。

> 第三章
> 管控能力：领导者要具备化"危"为"机"的本事

保持危机感，防患于未然

  阳光明媚，一只兔子正在玩耍。忽然，它看见羚羊在练习奔跑，便劝它说："天气这么好，大家在玩耍休息，你也和我们一块儿玩耍吧！"

  羚羊没有搭理它，继续自己的练习。兔子奇怪地问道："你是跑步能手，猎人和猎狗已经回家了，你何必那么用劲地练习呢？"

  羚羊停了下来，回答说："我练习跑步并不是因为闲着发慌，我虽是跑步能手，但也不能懈怠。你想想，如果有一天我被猎人追逐，到那时，我想练习也来不及了。而平时我就练习跑步，到那时就可以保护自己免遭不测了。"

  优秀的公司总是会时刻保持危机感，时刻不忘自己之所以成为优秀公司的技术和技能。因此他们就像羚羊一样，在太平无事时不断强化自己的危机意识，居安思危，未雨绸缪。而也正是这样，才使得它们的基业长青，进而实现了其从优秀到卓越的质的飞跃。

  哈雷—戴维逊生产摩托车的历史可以追溯到1903年，其与另外一个牌号印第安摩托车共同垄断着美国双轮摩托车市场，市场份额甚为巨大。当美国加入"一战"之后，哈雷—戴维逊的摩托车也开始为军队服务。战争结束后，摩托车市场冷淡下来。非畜力运输工具，尤其是福特公司的T型汽车，成为了摩托车强劲的市场竞争对手。摩托车远远赶不上T型汽车的舒适和方便，而且福特将价格降得很低，一辆T型汽车比一辆摩托车贵不了多少，有时甚至更便宜。这种状况一直持续到20世纪30年代经济萧条时期。然而哈雷—戴维逊以及印第安、亨德逊等生产商此时非但不降低产品成本，以适应消费者收入减少的现状，反而生产更加豪华、马力更大、价格更高的摩托车。一辆高级拖斗摩托车在1930年的售价是2000美元，超过了大部分汽车的售价。

20世纪50年代，全美摩托车年销售量平均为5万辆，市场主要被美国的哈雷—戴维逊、英国的诺顿以及德国的宝马瓜分。到20世纪60年代，日本的本田摩托车开始打入美国市场。当稳定的市场受到威胁时，哈雷—戴维逊却没有采取任何措施。哈雷—戴维逊认为自己在大型摩托车市场上正处于主导地位，虽然由于产品多为穿黑皮夹克的青年使用，公司的形象多少难堪一些，但值得宽慰的是全美国的警察部门都使用他们的产品。此时哈雷—戴维逊的头头们并没有意识到本田发展轻型摩托车市场对自己有何威胁。

直到哈雷—戴维逊公司终于意识到本田现象并非只是昙花一现时，他们才采取措施。公司于20世纪60年代中期开始推出意大利制造的轻型摩托车，但已为时过晚。因为本田已垄断了整个市场，消费者普遍认为其他产品的质量比不上日本本田。就这样，本田及其他一些日本生产商在20世纪60年代中后期占据了比人们预想的大得多的市场。虽然后来哈雷公司调整了策略继续稳健前行，但妄自尊大、对自身危机不采取任何行动却大大减缓了它的发展速度。

哈雷—戴维逊市场份额减少的主要错误在于它的危机意识薄弱。当本来稳定的市场受到越来越多的竞争对手（特别是本田公司）争抢时，它没有采取任何措施，也没有做出任何投资决定。而所有这些问题的根源，都是因为哈雷公司不能正确认识自己，身陷危机之中却不自知，更不要说采取行动。

仔细观察，我们认为大部分危机是可以避免的。警惕性是首要的。许多危机管理专家提议公司建立危机预防计划以避免危机的爆发，同时建立危机管理计划以便在危机无法控制时解决问题。

预防危机的第一步就是建立定期的公司脆弱度分析检查机制。比如，越来越多的顾客抱怨可能就是危机的前兆；繁琐的环境申报程序可能意味着产品本身会危害环境和健康；设备维护不力可能意味着未来的灾难。经常进行这样的脆弱度检查并了解最新情况，可在问题发展成为危机之前得以发现和解决。脆弱度分析审查不仅有助于防止危机，避免对公司业务和公司利润的不良影响，而且，还会使公司在未来变得更为强大。

脆弱度检查小组由来自公司生产制造、维修、人力资源、销售营销、政府事务与政策、财务会计等各部门的经理组成。他们能够清楚地了解各自领域内存在着的最大危险，并能用新的眼光看待其他部门。

一旦知道了问题的存在，就可以开始分析问题并分配资源来解决问题。公司还需要考虑每一次干预的成本，比较进行干预和无所作为之间谁付出的代价会更高。这样，管理层就能够清清楚楚、明明白白地作出决策。然后，再总结可能的发展方向，以便给高层主管更广阔的视角来看待可能出现的问题及后果。

在这一阶段，公司高层主管在确定公司价值时必须表现出领导者的素质，并以此作为行动的指南。《哈佛商业评论》的诺曼·奥古斯丁建议，以人性化的思考来界定实际的问题和信息，然后，"你才能从容地坚持你认为正确的路线。"那些在事前对危机有充分思考和准备的企业才有可能经受住危机的洗礼。

智慧分享

危机管理最高明的手段就是防患于未然。大部分危机并不是由于单一事件而引起的，而是由许多个微小的、容易被公司高层主管所忽视的一系列事件综合引发的结果。因此，企业在危机发生前就应该有一套预防危机的机制。这一点很好理解，毕竟诺亚在洪水暴发之前就开始制造方舟了。

制度是危机管理的关键

  危机管理的成功与否，关键在于危机发生之时是否已有一套成熟的危机应对制度。

——威尔·罗杰斯

  在某种意义上，危机管理是一种制度管理，而并非由一些应急管理构成。因此，事先建立一套成熟完备的危机应对制度远比临时抱佛脚要好得多。

  当2002年9月11日纽约世贸大厦被袭击时，琼·李安纳正在皇后公园打高尔夫球。李安纳闻讯后顿时想起他有27个手下在那里工作，他立刻扔下球棒，火速赶往位于哈得逊河畔43号大街的公司所在地。这位在UPS供职已超过30年的公司元老级人物一赶到那里，马上就命令手下立刻给所有司机的电脑化界面发送无线信息，通知他们立刻集结。3个小时之后，他稍稍松了一口气，UPS在这场灾难中总共只损失了四辆被倒塌建筑物压坏的卡车。随后，他将4000名员工全都召集到43号大街。由于空中运输已经被中断，地面上许多街道也已关闭或无法通行，他们从成千上万的包裹中挑选出医疗类供应品，然后将其中的二百多份送到各家医院、医生和药房那里。"我早就领会到了这样一个道理，那就是放手让我们的员工运行整个系统。"UPS副总迈克尔·伊斯库深有感触地说。

  由于UPS对航空投递的依赖较少，它比竞争对手联邦快递要幸运得多。这个全球最大的私营投递商在关键时刻所作的一系列重要调整，保证了它的投送队伍正常运转。每年收入高达 270 亿美元的 UPS 每天运送的货物价值相当于美国国内生产总值的 7%。它出色的应变能力既源自于若干年前建立的成熟的危机应对制度,也得益于领导面临灾难作出的第一反应。

这场危机彻底检验了 UPS 的应变能力。航空部总经理罗伯特·乐吉特透露:尽管该公司的大多数航空投递业务都在夜间开展,但是当关闭所有机场的时候,UPS 的 620 架飞机中仍有 56 架正在飞行之中。为避免地面运输队伍因为额外的任务而不堪重负,UPS 启动了应急机制,优选送达那些能在三天内到达目的地的包裹。其包裹运送没有被延误,UPS 因此获得了客户的信任。

综观 UPS 对紧急事件的处理,它能够从容不迫地应对危机主要得益于它有一套成熟的危机应对制度。这样的制度使它在突发事件发生后可以做出迅速的反应,从而可以从容应对。试想,如果不是早就制订了这样的制度,它的运转还能在紧急状态下那么有序吗?

因此,无论企业大小,都应当建立自己的危机应对制度。那么企业的危机应对制度包括哪些内容呢?

(1)设立专门的应对组织及企业发言人。

有些企业往往将这一组织的职能完全放在公关部或总经办。但公关部的优势在于其拥有媒体、客户和合作单位,但缺少企业高层决策人员及法律人员或相关问题的专家。所以,这一组织成员应包含企业高级主管和所涉及各部门主管以及各方面专家,但企业的发言人最好由公关部的负责人担当。该组织的首要职能就是在危机发生之时,迅速提出解决问题的对策,并按照企业危机管理制度,负责协调处理危机引发的各种问题。

(2)设立对策负责人及联络方式。

由于危机的发生绝不仅牵扯到企业中的某个部门的利益,而往往是整个企业的不幸,所以,危机管理的负责人应是能够协调企业各个部门的综合负责人,一般为公司的副总。当然,这一职位也可以兼任。但从制度化的角度来看,必须将人员体制明确写入文件中。同时,按工作日和非工作日分别标明联系的方式。危机对策负责人的一个重要职责就是有权决定何时启动危机管理的专门组织。

(3)设立迅速、统一、公开的信息发布方式。

"危机"一旦发生,危机管理部门应迅速率先由企业发言人向媒体、顾客及企业内部员工公开事情的过程,从而抢先把握住"危机"的基调,以免"有心人"落井下石。不过,许多企业往往把精力过分集中到媒体和客户,而忽略了和员工的沟通。这样不仅容易使企业内部"谣言"四起,员工不知所措,而且会严重挫伤员工的士气。

(4)注重和相关领域的重要媒体建立长期信任关系。

许多企业往往等到出了事之后,各方媒体群起而攻之时,才想起应该和记者们搞好关系,让他们能客观地报道。其实,如果企业平时就能多请他们来企业采访、参观,他们自然会和企业形成一种信任关系,一般是不会对一些道听途说的消息进行炒作的。这对企业在"事件"发生时,能否引导舆论导向,进行公正客观的报道是至关重要的。

(5)将危机管理制度制作成手册或文件。

一定要将危机管理制度制作成危机管理手册或文件,发送到有关部门,并按制度认真执行。否则,危机管理制度的建立将成为一句空话。

在建立危机管理制度之后,企业还应该针对各种"危机源"提出具体的应对策略。比如,就产品质量来说,建立ISO9000系列质量考评体系,应是减少由于产品质量给消费者带来损失的一个基本方法;就企业的"人员危机"来讲,企业应尽量不要把一项技术或业务全部集中到某一个人身上,要将某个人所掌握的技术或业务制作成公司有关技术人员共同的资料;就企业的品牌风险规避来讲,多品牌战略就非常适合高风险的企业。当然,如果属于低风险的企业,比如制铁炼钢业等,从品牌的管理成本角度看,单一品牌就更具优势。

智慧分享

企业风险规避的策略要根据种种可能发生的危机进行谋划。如财务预警管理、事故与内部员工犯罪的预防方法等,企业都可以根据本企业情况,依照危机管理的原则,制订出一整套最适合本企业的危机管理制度。

第三章
管控能力：领导者要具备化"危"为"机"的本事

内部防线是危机管理的特点

  企业最大的危机不在于外部环境与因素，而在于企业自身不能识别危机并采取行动。

——诺曼·奥古斯丁

  内部控制是靠组织的董事会成员、企业高层主管为代表的管理层和其他员工实现的过程，目的是为了合理地保证经营的效率性和效果性，财务报告的可信性，有关法律、规章的遵循性。

  这些听起来可能很复杂，但是如果董事会、高层主管甚至部门主管能合理地保证能理解组织、分部与部门的预期经营目标，报出的财务状况或月份预算报告包含有可靠的数据，那么，内部控制则被认为是有效的。

  内部控制既能在人数有限的小部门实施，也能在人数众多的大部门通过职责分离来实现。内部控制包括5个相关的要素：

（1）控制环境。

  主要包括全体员工的正直性、道德价值观及能力等要素。管理哲学及运营风格也是一个极为重要的因素。高级管理层及董事会的关注及引导对控制环境有着极大的影响。

（2）风险评估。

  每个组织或部门都面临着各种外来的或内部的风险。管理层必须鉴别与管理这些相关风险。高层主管也必须能处理与变化的经济、产业、规章及运营环境相关的风险。

(3) 控制活动。

控制活动是确保管理指令执行的政策与程序。除了职责分离外，内部控制活动还包括批准程序、授权、审核、确认及资产安全。

(4) 信息与沟通。

必须在合适的时间与地点鉴别、取得及交流有关信息，以使人们能履行自己的职责。这个要素对内部控制来说是很重要的。它不仅包括产生经营、财务与遵循性信息报告的信息系统，而且还包括员工、督导与高层管理者的日常交流过程。纵贯组织结构、部门与分部的信息与交流也是极为重要的。

(5) 监督。

事后评估内部控制质量的程序是必要的，可通过不间断地监督、单独地评估或两者结合来实现。不间断监督包括管理层、督导的每天督导行为，高层主管与内部审计师则都可以进行单独评估。

我们必须清楚，内部控制并不是由内部审计部门负责。的确，内部审计部门扮演着一个重要的监督角色，并且会提出建议。但是，内部控制最终是由董事长与高层主管负责。部门主管与一般管理者仅具体到他们管辖范围内的内部控制政策与程序负责。但是，在某种程度上，组织的每个员工在内部控制系统中都是重要的角色。全体员工应当对运营中向上沟通问题负责，并且要遵循内部的与外部的政策规章等。

危机不仅来自外部，更多的是来自企业内部。就像理查德·贝克哈德说的那样："内部控制是一个公司的防线系统，它必须在大洪水来临之前建好并做好准备。"

智慧分享

一旦目标被鉴定就要确定所有存在的可能阻止目标实现的风险因素（即哪些地方会出错），按高中低给出风险因素的可能性进行排队。最终评估（强、中、弱）是对控制活动管理风险因素的充分性作出判断，给出风险的可能性。应特别注意的是没有任何内部控制系统能彻底消除风险。另外，强有力的控制系统也不能确保部门目标的实现。但无论如何，它能帮助部门按其意图运行并避免陷阱。

第三章
管控能力：领导者要具备化"危"为"机"的本事

在危机中寻找转机

有一天，某个农夫的一头驴子，不小心掉进一口枯井里，农夫绞尽脑汁想办法要救出驴子。但几个小时过去了，驴子还在井里痛苦地哀嚎着。

最后，这位农夫决定放弃。他想，这头驴子年纪大了，不值得大费周折去把它救出来，不过无论如何，这口井还是得填起来。于是农夫便请来左邻右舍帮忙一起将井中的驴子埋了，以免除它的痛苦。

农夫的邻居们人手一把铲子，开始将泥土铲进枯井中。

当这头驴子了解到自己的处境时，刚开始哭得很凄惨。但出人意料的是，一会儿之后这头驴子就安静下来了。农夫好奇地探头往井底一看，出现在眼前的景象令他大吃一惊：

当铲进井里的泥土落在驴子的背部时，驴子的反应令人称奇——它将泥土抖落在一旁，然后站到铲进的泥土堆上面。就这样，驴子将大家铲倒在它身上的泥土全都抖落在井底，然后再站上去。

很快地，这头驴子便得意地上升到井口，然后在众人惊讶的表情中快步地跑开了！

危机，不仅代表着危险，也意味着机遇。因而只要处理好突发事件，不仅可以"亡羊补牢"，而且还能"逢凶化吉"。

1998年2月21日，号称中国彩电第一品牌的长虹彩电，因其所谓"销售方式的改变",在泉城济南遭遇了尴尬的一幕——济南市七家国有商场联合拒售长虹彩电。

济南市银座商城、省华联商厦等七大商场召开座谈会,以长虹彩电存在大量质量问题和服务投诉而厂家不予配合为由,采取统一行动,拒售长虹彩电。这一消息,如晴天霹雳。《中国证券报》等国家、地方媒体纷纷发文报道进行"曝光"。这个彩电巨子突然被"曝光"出现质量事故,立即引起了政府、新闻媒体、广大消费者的极大关注。"四川长虹"股票受到冲击直线下跌,为当时低迷的股市雪上加霜。一时间,"长虹事件"令公众极为困惑。

这是一起企业危机事件,联合拒售的商家声称长虹彩电存在大量质量问题,势必会引起消费者的观望情绪、信任危机和彩电的滞销,将可能给企业带来收入锐减、形象受损,甚至倒闭破产等不可预料的严重后果。在十万火急之中,长虹集团总部迅速作出反应并派遣一名副总经理和部分工程技术人员乘飞机从四川火速赶赴事发地点——济南市。

七商场在"罢售行动"中宣称:长虹彩电虽有中国彩电"第一品牌"之名,但由于其售后服务跟不上,商家在厂家和消费者之间受夹板气,屡次找长虹协调未果,故被迫采取统一行动。有鉴于此,长虹公司一行人员到达济南后立即举办了新闻发布会,声称将对本次拒售事件进行认真调查。

长虹公司人员迅速与联合拒售的七大商家取得联系。刚开始,拒售商家不愿意配合。几经周折,各家终于坐下展开谈判。经谈判和调查了解,拒售的商家拿不出具有说服力的质量问题证据,厂家在售后服务方面存在不配套现象倒是事实。

长虹公司经与当地商界接触,发现一个十分有利于自己的事实:济南市最大的商家并没有参与联合拒售行列。这似乎大大降低了"联合拒售"的代表性和广泛性。长虹同时与济南市政府和新闻媒体进行了大量的接触。最后,长虹将调查结果通过媒体公布于众:关于质量事故一说由于没有说服力的证据而不能成立,关于售后服务的投诉,长虹诚恳表示将加大售后服务的配套工作。与此相配合,长虹集团总部请出四川省省长,公开肯定长虹的快速成长、品牌信誉和对四川省、国家所做的突出贡献。

通过以上一系列的企业危机公关,"济南拒售风波"终于平息,长虹彩电更为畅销,长虹股票当即迅速强劲反弹。长虹在这起事件中反而"因祸得福",其品牌知名度大大提高,消费者对长虹电器的品质也更加信赖。

第三章
管控能力：领导者要具备化"危"为"机"的本事

突发事件实质上是矛盾激化的产物。因此，高层主管处理突发事件时，必须采取机动灵活、超乎常规的程序和办法。首先要采取的措施是控制事态、缓解矛盾。控制事态使其不再扩大不是事件的真正解决办法，只是危机处理的开端。重要的是利用控制事态后的有利时机，千方百计地掌握事件的各种情况，透过表面现象看本质，据此创造性地解决问题，化害为利。

那么，具体应该怎样做呢？

（1）预测：对企业内外部环境作周密分析。

选择五六个或对宏观经济、或对企业内部特别熟悉，具有敏锐洞察力、较强分析力的人员组成一个调查小组，对企业内外部环境作详细周密的分析。外部宏观环境包括如国际大形势、国家政策、区域动态等与企业相关的部分，本行业的发展状况，相关行业的配套或可替代情况，竞争对手的实力与目标等可能对企业发生重大威胁的方面。内部环境是指企业本身可能出现的经营管理问题，包括生产、管理、销售、财务等，应具体到各个部门、每个细节，并分类列成一个清晰明了的图表。

（2）防范：在企业运转中严格执行。

"防患于未然"是危机管理的最优化原则，也是最主要的部分。危机管理并不像有些人所认为的那样，仅仅是将已发生的麻烦加以解决。诚然，事情已经发生，能顺利地解决是再好不过。但若仅仅将危机管理局限于该领域，被动应敌，则决不能达到企业危机管理的最佳状态。无锡小天鹅洗衣机在达到1500次无故障运行的国际标准时，公司没有开庆功会，而是开了一个反骄傲的职工大会，发动全厂职工找出100多条差距。正是基于这种严谨的防范意识，才使得"小天鹅"全自动洗衣机精益求精，成为真正的名牌。

（3）处理：保持冷静理性，人员迅速到位。

不可避免的麻烦终于出现了，那就该沉着应战。这时最需要注意的就是要保持冷静理性的头脑，迅速按照危机管理计划将所有人员布置到位，保持所有信息渠道的畅通，注意各个方面的配合协调，及时将处理的进程与结果公布于众。

（4）善后：危机背后有商机。

善后包括对内和对外两部分。对内整顿，总结经验，找出不足，制订一个更切实可行的危机管理计划。对外则将公司可能造成的不良影响列成表格，根据不同对象、程度、方面进行具体分析，并做出有效应对策略。比较常见的

如,在媒体上进行公益宣传、召开新闻发布会、与相关部门保持良好接触、设立一个与公众自由交流的渠道等。

国际上的危机管理意识越来越强,越来越多的企业已经意识到了危机管理的重要性。伦敦证券交易所已做出规定,要求上市公司必须建立危机管理制度,并定期提交报告。

当企业出现某方面的危机时,除了积极采取补救措施应对外,如何将坏的情形扭转过来,将危机转化为商机更是管理者应做的。因为危机往往不仅带来麻烦,同时也蕴藏着无限商机。通过积极应对、迅速解决危机战役,公众将会对企业有更深的了解,企业在危机过后也能树立更优秀的形象。

第三章
管控能力：领导者要具备化"危"为"机"的本事

危机管理六步曲

企业无论规模大小，无论处在何种行业都需要危机管理。但危机管理和传统的管理有明显的不同，它管理的对象往往都是"虚拟"的，不是现在就能看得到的。

——罗伯特·托马斯

我们已经知道了危机中包含着机遇，那么，发现、培育进而收获潜在的成功机会，就是危机管理的精髓。而错误地估计形势，并令事态进一步恶化，则是不良危机管理的典型特征。那么，怎样才能成功地进行危机管理呢？下面6个步骤可供借鉴：

（1）避免危机。

危机管理计划一开始就强调危机预防，令人奇怪的是许多人往往忽视了这一既简便又经济的办法。

危机管理计划是将所有可能会对商业活动造成麻烦的事件——列举出来，考虑其可能的后果，并且估计预防所需的花费。这样做可能很费事——因为公司内数以千计的雇员中的任何一人都可能因为失误或疏忽而使整个公司陷入困境——但却很管用。

谨慎和保密对于防范某些商业危机至关重要。危机管理计划特别强调培养员工对商业秘密守口如瓶的意识，以避免由于在敏感的谈判中泄密而引起危机。1993年，马丁—玛丽埃塔公司与通用电气宇航公司通过多轮磋商后终

于达成了30亿美元的收购案。这一秘密消息在高度紧张的日子中被保守了27天,却在预定宣布前两小时泄露给了媒体,给公司带来了不小的麻烦。

要想保守秘密,就必须尽量使接触到它的人减到最少,并且只限于那些完全可以依赖且行事谨慎的人;应当要求每一位参与者都签署一份保密协议;要尽可能快地完成谈判;最后,在谈判过程中尽可能多地加入一些不确定因素,这会使窃密者真假难辨。即使做了这些,也应当有所准备,因为任何秘密都有泄露的可能。

(2)对危机做好准备。

大多数管理者满脑子考虑的都是当前的市场压力,很少会有精力考虑将来可能发生的危机。然而,危机就像纳税一样是管理工作中不可避免的,所以必须为危机做好准备。危机管理计划包含着行动计划、通信计划、消防演练及建立重要关系等相关内容。大多数航空公司都有准备就绪的危机处理队伍,还有专用的无线电通信设备以及详细的应急方案。今天,几乎所有的公司都有备用的计算机系统,以防自然或其他灾害打乱他们的核心系统。

另外,危机的影响是多方面的,忽略它们任一方面的代价都很大。例如,1992年安德鲁飓风过后,美国电话公司发现,它们在南加利福尼亚州短缺的不是电线杆、电线或开关,而是日间托儿中心。许多电话公司的野外工作人员都有孩子,需要日间托儿服务。当飓风将托儿中心摧毁之后,必须有人在家照看孩子,导致可工作的员工减少。这一问题的最终解决办法是招募一些退休人员开办临时托儿中心,从而将父母们解脱出来,投入到电话网络的恢复工作中去。

(3)确认危机的存在。

这个阶段的问题在于感觉危机真的会变成现实,公众的感觉往往是引起危机的根源。以发生在1994年年底的英特尔公司奔腾芯片的危机事件为例,引发这场危机的根本原因是英特尔将一个公共关系问题当成一个技术问题处理了。随之而来的媒体报道简直是毁灭性的。不久之后,英特尔在其收益中损失了4.75亿美元。

这个阶段的危机管理通常是最富有挑战性的,但执行起来却不那么容易。经验告诉我们,在寻找危机发生的信息时,管理人员最好听听公司中各种人的看法,并与自己的看法相互印证。

(4)尽量控制危机。

对于这个阶段的危机管理来说,管理者的态度尤其重要。

应当指定一个人或一个机构作为公司的发言人,向包括客户、拥有者、雇员、供应商以及所在的社区通报信息,而不要等到他们自己从公众媒体上获取有关公司的消息。管理层即使在面临着必须对新闻做出反应的巨大压力时,也不能忽视这些对公司消息特别关心的人群。事实上,人们感兴趣的往往是管理层对事情的态度而非事情本身。

总而言之,要想取得长远利益,公司在控制危机时就应更多地关注消费者的利益而不仅仅是公司的短期利益,这也是危机管理计划中特别强调的一点。

(5) 解决危机。

在这个阶段,速度是关键——危机不等人。几年前,美国连锁超市雄狮食品公司突然间受到公众瞩目,原因是美国某电视台的直播节目曝光它出售变质肉制品。结果雄狮公司股价暴跌。但是,雄狮食品公司果断采取措施。他们邀请公众参观店堂,在肉制品制作区竖起玻璃墙供公众监督;改善照明条件;给工人换新制服,加强员工的培训;并大幅打折,通过这些措施将客户重新吸引了回来。而且,公司公布的食品与药品管理局对它的检测结果是"优秀"。此后,雄狮公司销售额很快恢复到正常水平。

(6) 扭转危机。

危机管理的最后一个阶段其实就是总结经验教训。如果一个公司在危机管理的前五个阶段处理得完美无缺的话,第六个阶段就可以提供一个至少能弥补部分损失和纠正混乱的机会。

如果危机处理得当,公司反而能因祸得福。其实,公众对商业公司的预期并不高。有时,公司做了一件本应当做的事,及时扭转了危机,就会得到热情洋溢的称赞。

在危机处理过程中必须谨慎小心,处理不好就有可能失去消费者的信任,丢掉既有的市场。因此,作为企业高层主管,必须对外界哪怕是一点儿"风吹草动"都要保持充分的敏感,时刻对危机进行科学地监测、诊断、识别与评价,并迅速拿出有力措施应对危机,把危机带来的损失降到最低。

第四章
创新能力：用创新打破眼前的发展僵局

企业高层主管如果想管理好企业，并把企业一步步带到更高的目标，那么就必须让创新思维注入自己的大脑和管理中，做到"人无我有，人有我新"。只有始终不渝地寻求变革，企业才能在激烈的市场竞争中站稳脚跟。

没有创新就没有前途

  人的智慧如果滋生为一个创新点子时,它就永远超越了它原来的样子,不会恢复本来面目。

——史蒂芬·柯维

  一个企业的高层主管如果没有创新能力,那么这个企业也就没有活力可言。高层主管应当明白,在充满了竞争的商业环境里,唯有创新,企业才会不断发展、壮大。
  福特公司的发展历程就证明了这一点。
  在美国工业由手工作坊向工厂制造生产的过渡中,亨利·福特首创世界上第一条大规模流水作业生产线,为现代发达的工业生产奠定了基础。他发明的物美价廉的T型车,一举打开了新兴的汽车业市场,为美国迅速步入汽车时代做出了贡献。为此,在美联社所做的美国独立200年二十件大事的民意测评中,亨利·福特和他的汽车公司名列第十,并与宇航员登上月球、原子弹爆炸成功相媲美,为全世界所瞩目。
  20世纪初,有一位叫亚历克斯·马尔科姆逊的人,他是当地一名阔绰的煤商,打算拿出一笔钱投资汽车业。经过调查,他觉得福特正合自己的要求——在汽车界已有名气,又有精明能干的技工,无其他生意牵连,他的周围还有一批才华横溢的同事。所以,马尔科姆逊就找到了福特。两个人的谈判促成了福特汽车公司的成立。

次年年初，福特制订了一个划时代的决策——公司宣布从此致力于生产标准化，只制造较低廉的单一品种。实际上这项方案在福特脑子里已酝酿了数月，甚至可以说数年之久。

其后，福特继续致力于流水线的改进。在1920年，他实现了每分钟生产一辆汽车的愿望。1925年，他创造了每10秒钟制造一辆汽车的纪录，在全世界同行中遥遥领先。

到了20世纪20年代，福特汽车公司成为了当时世界上最大的汽车公司。当时的福特日产汽车9000辆，年销售汽车90万辆。福特的名字也和他的T型车一起传遍全世界。

从赛车到流水化作业及T型车，福特的每一步都是一个跨越，而这都是福特自己闯出来的。如果他没有这种创新的精神，那么汽车业也许就不会发展得如此之快。正是凭着一股敢为天下先的精神，福特闯出了自己的天地。

创新是一个持续不断的过程，企业通过技术优势使自己的产品在竞争中居于有利地位，不可能做到一劳永逸，牢不可破。事实上，通过企业高层主管不懈地技术创新、锐意进取，后来者也可居上。这方面的例子可谓比比皆是。

洛丽尔是法国一家生产护发剂和化妆品的公司。过去，它在同行业中一直鲜为人知，属于那种普普通通的"九流"企业。然而，在公司高层主管戴尔的带领下，洛丽尔不懈地进行技术创新，如今已成为世界领先的化妆品制造公司，它的营业额也位居同行业前列。

洛丽尔在研制新产品方面，敢于投入。其高层主管戴尔是一个思想敏锐、管理严谨、作风强势的人。为开发新产品，他常常和部下在会议室里"争执"。

他也经常鼓励职工要勇于向其主管上司提异议。洛丽尔在研究出一种新配方时，先以兔子、老鼠、假发，甚至手术刀切下的皮肤来做实验。为了试验染发剂在世界各地各种气候条件下的使用效果，他们在实验大楼内设立了"赤道阳光""英国浓雾""北极寒冬"等模拟环境，来进行产品的"临床试验"。像这样耗资惊人、设备先进、人才一流的研究开发，一般化妆品公司不敢问津，同时也舍不得投入这么多资金。此外，洛丽尔还采用与美国研究月球地形设备相同的仪器，来研究人类脸部皱纹产生的情形。

由于洛丽尔的不断创新，在20世纪80年代初，它的一种新型固发剂刚一上市，立即就饮誉市场，连最挑剔的美容师也赞不绝口。上市的第一年，其销

第四章
创新能力：用创新打破眼前的发展僵局

售额就达5000万美元。

技术创新不应该是一朝一夕的事，而应该始终坚持不懈地进行。只有在这种坚持不懈的技术创新中，企业才能有强有力的应变能力。

市场竞争如此激烈，就好像在"活"与"死"之间挣扎。如果懂得应变就会有"活"的希望，如果不懂变通就会面临"死"的威胁。所以企业要不断创新才能在市场上站住脚，"活"得好。

高层主管
工作笔记

执著于创新才是合格的高层主管

只有那些能够自如地应对经营环境的变化，不断进行自我变革的企业才可能超越时代，保持住自身的优势。

——奥田硕（曾任丰田董事长）

在市场经济环境中，一切都在变——没有恒定不变的东西。而要满足人们日益变化的需求，企业就必须能够提供日益变化的产品和服务，否则就会被淘汰出局。

世界上规模最大的禽肉加工企业泰森食品公司就是依靠新产品开发策略取得了巨大的成功。它最初生产的产品是黄油鸡块，随后又开始生产有外包装的鸡肉面包和馅饼，现在该公司可生产近千种鸡肉制品。

泰森食品公司的生产过程高度一体化。从小鸡的孵化到鸡肉制成品的最终运输，经营范围无所不包。该公司有60多家加工厂，每周能加工2600万只鸡。

丹·泰森出身于农民家庭，年轻时就跟随父亲在养鸡场里工作，最初他面临的一个最棘手的问题就是鸡肉价格起伏不定。他回忆说："养鸡并不难，难的是如何在价格不断波动的情况下卖出去。"为了解决这一难题，泰森决定将鸡肉进行深加工以提高附加值。

他的第一种增加鸡肉附加值的办法就是将鸡整只出售，而不是原来的按斤出售。泰森说："这样做可以使鸡肉的价格在三四个月内保持稳定，我们终

第四章
创新能力：用创新打破眼前的发展僵局

于在禽肉制造业中异军突起。"

其次，他开始按份卖黄油鸡块，通过这种做法就能按份定价而不是按斤定价。"由此我想到我们是否可以加工多种鸡肉制品，那样附加值会更高。1970年，我们开始将鸡肉做成鸡肉馅饼和鸡肉面包，这些产品很快成了非常受人们欢迎的快餐食品。"泰森说。

意识到快餐企业在未来几年会得到巨大的发展，泰森便开始向超级市场推销他的馅饼和面包。泰森说："快餐业已经为我们的产品做了许多市场导入工作和广告宣传工作。"从那时起，泰森食品公司开始实施新产品开发战略。泰森公司总经理亚伦·托利说："一旦我们的某种产品获得成功，我们就想扩大影响，生产系列产品。"泰森补充说："即使生产像馅饼一类简单的食品，我们也要做到尽善尽美。然后制订出一个富有竞争力的价格。同时，我们也生产一些价格较低的产品以满足低层次消费者的需要。"

一般来说，大部分鸡肉制品的市场周期都小于2～5年。正因为如此，泰森公司总是试图每天推出一种新产品。泰森说："例如，我们制作26种馅饼，这26种馅饼根据不同风味，使用不同的黄油，可大体分为5～8种。我们还可以将这些馅饼做的大小不同，形状多样——圆形的、方形的、心形的。我们的馅饼品种如此丰富，主要是因为每个饭店都希望自己经营的馅饼有独特的风味。通过以上可知，尽管许多快餐店的馅饼都是由我们一家公司供货，但各自的风味略有不同。哈迪快餐店的馅饼与麦当劳的馅饼略有不同，伯格馅饼店的馅饼和温迪快餐店的馅饼也各有千秋。"

以鸡肉为原料的产品在饭店里的更新换代速度远远快于零售店，主要是因为饭店总是每几个月就想更换一种口味，给顾客一种新鲜的感觉。"无论饭店要求我们提供什么样的产品，我们必须千方百计去满足他们。你在饭店里品尝的每一种我们公司的新产品，一般半年到一年前我们就开始研创了。"

成功的企业高层主管必定执著于创新。一方面是因为他的"内部冲动"不会由于一次成功而停息。并且市场竞争、优胜劣汰的机制对他的外部压力也是始终存在的，一朝创新即高枕无忧是做不到的。另一方面，技术创新本身又是充满风险的——他要冒可能失败的风险，他要冒可能被人模仿假冒的风险。如果失败，如果被人仿冒，那就根本谈不上具有产品的应变力，甚至还有可能遭受"灭顶之灾"。因此，风险的存在也决定了企业高层主管必须坚持不懈地进行技术创新。

第四章
创新能力：用创新打破眼前的发展僵局

创新思维是高层主管的成功诀窍

有人把六只蜜蜂和同样多的苍蝇装进一个玻璃瓶中，然后将瓶子平放，让瓶底朝着窗户，想想看会发生什么情况？

结果是，蜜蜂不停地想在瓶底上找到出口，一直到它们力竭倒毙或饿死；而苍蝇则在不到两分钟就找到瓶口，然后逃逸一空——事实上，正是由于蜜蜂对光亮的喜爱，由于它们的智力，它们才死亡了。

蜜蜂以为，囚室的出口必然在光线最明亮的地方。它们不停地重复着这种合乎逻辑的行动。

那些愚蠢的苍蝇则对事物的逻辑毫不留意，全然不顾亮光的吸引，四下乱飞，结果误打误撞地碰上了好运气——这些头脑简单者总是在智者消亡的地方顺利得救。因此，苍蝇得以最终发现那个正中下怀的出口，并因此获得自由和新生。

企业应该意识到的最重要的事情，就是当每个人都遵循规则时，创造力便会窒息。这里的规则也就是瓶中蜜蜂所坚守的"逻辑"，而坚守的结局是死亡。

要想让你的团队走出困境，企业高层主管必须时时让"金点子"在脑中激荡，以便摆脱因循守旧的思维习惯，否则企业发展将寸步难行。

日本的"电子之父"松下幸之助，就是这样一位富有智慧、善于洞察未来的成功人物。每当人们问及他成功的秘诀时，他总是淡淡一笑，说："靠的是比别人稍微走得快了一点。"

高层主管
工作笔记

第二次世界大战结束后,世界又恢复了和平。遭受战争创伤的人们,在新的和平环境里又重新燃起生活和工作的热情。睿智的松下幸之助又"超前"地看到"新文明"将带来世界性的"家电热"。这对于松下电器,既是一次发展壮大的难得的机会,也是一次艰巨而又严峻的挑战。松下幸之助正是凭借着"稍微走得快了一点",大刀阔斧地进行机构调整和技术改革,从而使松下电器在新的挑战和机遇中得到了前所未有的发展。

20世纪50年代,松下幸之助第一次访问美国和西欧时发现,欧美强大的生产主要基于民主的体制和现代的科技。尽管日本在上述方面还相当落后,然而这一趋势将是历史的必然。松下幸之助正是把握住了这一超前趋势,在日本产业界率先进行了民主体制改革。他建立了合理的劳资体制和劳资关系,改革了日本的低工资制,使员工工资超过欧洲,接近美国水平;并建立了必要的员工退休金,使员工的物质利益得到充分满足。劳动制度上实行每周5天工作日,这在当时的日本还是第一家。松下幸之助认为,这一改革并非单纯增加1天休息,而是为了进一步促进产品的质量。好的工作成就产生愉快的假日,愉快的假日情绪会导致更出色的工作效率。只有这样,生产才能突飞猛进,效益才能日新月异。

"时势造英雄",被改变了的环境就是一种新的时势、新的发展机遇。无论是地理环境、交际环境,还是职业环境、人文环境,每一次改变都为我们提供了一个新的广阔的发展空间。

从旧模式到新模式的转换,意味着用全新的视角、全然不同的新方式来思考原有的问题。要转换成为新的模式,就要改变以前对工作的看法。

有些高层主管时常认为,只有诗人、发明家等才具有"创造性的能力"。其实不然,不断开发创新能力,是领导者从事管理活动的智慧的源泉,也应是其工作的主要动力;反之,他将很难有所作为。

企业生存的环境可能突然从正常状态变得不可预期、不可想像、不可理解,企业中的"蜜蜂"们随时会撞上无法理解的"玻璃之墙"。企业高层主管的工作就是赋予这种变化以合理性,并找到带领企业走出危机的办法。只有努力创新,才会有前途;墨守成规或一味模仿他人,到最后一定会失败。

高层主管要做创新的带头人

> 人最重要的创造力是能带头,而不是人家带了头,你在后面走。
>
> ——李政道

创新之所以对一个企业至关重要,是因为创新是为了超越他人、超越自己。只有不断创新,企业才能获得超乎常规的思路和决策,才能把员工的想像力转化为企业的生产力。

美国实业家罗宾·维勒说:"我的成功秘诀很简单,那就是永远做一个追求创新的人。"

当全美短帮皮靴成为一种流行时尚的时候,每个从事皮靴业的企业家几乎都趋之若鹜地抢着制造短帮皮靴供应各个百货商店。他们认为赶着大潮流走要省力得多。

罗宾当时经营着一家小规模皮鞋工厂,只有十几个雇工。

他深知自己的工厂规模小,要挣到大笔的钱实非易事。自己薄弱的资本、微小的规模,根本不足以和强大的同行相抗衡。

而如何在市场竞争中获得主动权,争取有利地位呢?

罗宾考虑选择两条道路:

一是在皮鞋的用料上着眼。就是尽量提高鞋料成本,使自己工厂的皮鞋在质量上胜人一筹。然而,这条道路在白热化的市场竞争中行走起来是很困难的。因为自己的产品本来就比别人少得多,成本自然就比别人高了。如果再提

高成本,那么获利有减无增。显然,这条道路是行不通的。

二是着手皮鞋款式改革,以新领先。罗宾认为这个方法可行,只要自己能够翻出新花样、新款式,不断变换,不断创新,招招占人之先,就可以打开一条出路。如果自己创造设计的新款式为顾客所钟爱,那么利润就会接踵而至。

经过一番深思熟虑,罗宾决定走第二条道路。

他立即召开了一个皮鞋款式改革会议,要求工厂的十几个工人各尽其能地设计新款式鞋样。

为了激发工人的创新积极性,罗宾规定了一个奖励办法:凡是所设计的新款鞋样被工厂采用,设计者可立即获得1000美元的奖金;所设计的鞋样通过改良可以被采用,设计者可获500美元奖金;即使设计的鞋样不能被采用,只要其设计别出心裁,设计者均可获100美元奖金。

同时,他设立了一个设计委员会,由5名熟练的造鞋工人任委员,每个委员每月另外付酬100美元。

这样一来,这家袖珍皮鞋工厂里,马上掀起了一阵皮鞋款式设计热潮。不到一个月,设计委员会就收到40多种设计草样,工厂采用了其中三种款式较别致的鞋样。罗宾立即召集全体大会,给这3名设计者颁发了奖金。

罗宾的皮鞋工厂就根据这3个新款式来试行生产了。

第一次是每种新款式各制皮鞋1000双,立即将其送往各大城市推销。

这些款式新颖的皮鞋一经推出,立即掀起了一股购买热潮。

两星期后,罗宾的皮鞋工厂收到数量庞大的订单,这使得罗宾终日忙于出入各大百货公司经理室大门,跟他们签订合约。

因为订货的公司多了,罗宾皮鞋工厂逐渐扩大起来。3年之后,他已经拥有18间规模庞大的皮鞋工厂。

不久危机又出现了,皮鞋工厂一多起来,做皮鞋的技工便显得供不应求了。最令罗宾头疼的情形是别的皮鞋工厂已尽可能地把工资提高,挽留自己的工人,使得罗宾很难把其他工厂的工人拉过来。缺乏工人对罗宾来说是一道致命的难关。因为他接到了不少订单,劳动力不足即无法给买主及时供货,而这将意味着他得赔偿巨额的违约损失。

罗宾忧心忡忡。

他又召集18家皮鞋工厂的工人召开了一次会议。他始终相信,集思广

第四章
创新能力：用创新打破眼前的发展僵局

益，可以解决一切棘手的问题。

罗宾把没有工人可雇用的难题告诉大家，要求大家各尽其力地寻找解决途径，并且重申了以前那个动脑筋有奖的办法。

会场一片沉默，与会者都陷入思考之中，绞尽脑汁想办法。

过了一会儿，有一个小工举起手请求发言，获得罗宾嘉许之后，他站起来怯生生地说：

"罗宾先生，我认为雇请不到工人无关紧要，我们可以用机器来制造皮鞋。"

罗宾还来不及表示意见，就有人嘲笑那个小工：

"孩子，用什么机器来造鞋呀？你是不是可以造一种这样的机器呢？"

那小工窘得满面通红，惴惴不安地坐了下去。

罗宾却走到他身边，请他站起来，然后挽着他的手走到主席台上，朗声说道：

"诸位，这孩子没有说错，虽然他还没有造出一种造皮鞋的机器，但他这个办法却很重要，大有用处。只要我们围绕这个概念想办法，问题定会迎刃而解。我们永远不能安于现状，思维不要局限于一定的范围内，这才是我们永远能够不断创新的动力。现在，我宣布这个孩子可获得500美元的奖金。"

经过四个多月的研究和实验，罗宾皮鞋工厂的大量工作就已被机器取而代之了。

罗宾·维勒的成功，与他时时保持锐意创新的精神是密不可分的。创新精神，是经营者通向成功的捷径，领导者的高低优劣之分也往往因此而产生。

企业高层主管不但自己要拥有创新精神，还应该努力调动员工的积极性，培养他们的创造力，鼓励新思想，提倡创新。因为创新是企业效益提升的关键，只有积极创新，企业才能充满活力。

避开影响创新的七大误区

经营管理者如果不把创新当作习惯的话,企业不但不可能卓越,恐怕连生存都困难。

——卡勒·钱威尔

大多数企业高层主管,都明白创新对企业的重要性,然而关于如何创新却是一筹莫展。这其实是因为他们缺少创造性的思考能力。而要获得出色的创新能力,就应该避开以下误区。

(1)受制于惯性思维。

在日常生活中,那些曾经在实践中被证明是有效的方法和对策可能成为一种习惯,或称常规。而我们对许多事情的处理都是由这种习惯或常规来决定的。因而在企业和机关里,许多日常工作都有一定的惯例程序。但这种按惯例行事的做法是否都能取得最好的效果呢?显然未必如此。这种单凭习惯或先例来决定思考和行动的方式,往往忽略了隐藏着的创新契机,它对创造力的发挥是不利的。我们应该凡事多问问:"为什么要这么做?""如果没有这一部分,全局将会怎样?"

如此寻根究底,就一定能找出改进的途径,有利于创造力的发挥。

(2)批判得过多。

一般人认为,就像油和水不能相混一样,"批判力"和"创造力"也是难以妥协的。实际上,在创造活动中,这二者正是重要的合作伙伴。

批判力一般是否定性的，而创造力则是一种由希望和热情、勇气和自信心组成的向上的心理状态，是肯定性的。

在日常生活中，人们会遇到许多创造的机遇。但能否有所创造，不仅与环境有关，更重要的是与人自身因素有关，与是否能正确地处理批判力和创造力关系有关。

批判只以眼前的事实作为依据，更多的是表达对现状的不满而不是倾向于前进。而创造的目标则是未知的事物，创造是批判基础上的变革和创新，是开动想象的机器，并努力把"不可能"的事物转变为可能。

（3）视野不够开阔。

现代科技的特点是专业分工越来越细，而具有广博的知识，能以综合性观点来解决问题的人却越来越少。虽然专业面越小越有利于使研究深化，但随之而产生的另一个问题是由于视野狭窄而使创造力大受影响。深度和广度看上去是矛盾的，但在实际工作中却是相互促进的。专业知识过于集中，就不容易看到科学发展的广阔背景，也容易忽视一些有启发意义的重要情报，因而难以实现创造性的飞跃。

（4）回避思考问题。

人有一种惰性，就是对各种变化有一种本能的抵制。人们老是说："这是不可能的""那是不现实的"。人们总爱把现实存在当作最合理的状态，把创造力未能充分发挥也看作是正常现象。一旦有人对现状提出挑战，便会受到各种非难，甚至被看作"空想家""有怪癖"等。

西方有句古谚说：5%的人主动思考，5%的人自认为在思考，5%的人被迫进行思考，而其余的人一生都讨厌思考。这话未必正确，却在一定程度上说明了人们有回避思考的倾向。

（5）情绪化。

如同人的思考能力一样，情绪也是人的一种天性。这种天性常常会阻碍创造力。情绪性障碍会使你的头脑简单化，扰乱你的创造性思考，容易让你钻进牛角尖。此外，怕失败、怕被嘲笑、怕被批评被孤立的恐惧心情，都会使你的创造力受到压抑。

（6）缺少好奇心。

在日常生活中，许多人总是认为一切都平淡无奇，没有什么值得特别注意的，这种人即使接受新的情报信息也往往会忽略过去。而另一种人的反应就大不一样。他们对于事物总抱有一种新鲜感，哪怕是细枝末节的小问题，也不放过，总想多知道一些东西。这就是好奇心强的表现。就像砂粒刺激了河蚌从而产生了珍珠一样，好奇心激发了发明家的创造欲望。

古往今来的无数事实表明，只有那些具有孩童般好奇心的人，如饥似渴地追求新知的人，才可能做出发明创造。

（7）随大流倾向。

人作为集体的一员与大家工作、生活在一起的时候，往往会以某种形式来改变自己的个性。虽说不一定要求每个成员都是同一种类型，但在同一组织或集体中的人往往有一种"必须这样行动"的约束。而实际上，人是各有特点的。对于同一件事，各人可以按自己的方式来处理，这比强求一律的方式要好得多。

当遇上一些自己也无法理解的做法时，人们往往会用"大家都这么干，我只要照办就行了"这样一种理由来说服自己，就难免走进因循守旧的死胡同。

作为企业高层主管，你必须致力于培养自己的创造力。因为你的态度、观点会影响整个组织。要使你的组织充满创造力，那就先从自身做起吧！

企业高层主管的生涯是以成功为导向和前提的，而创造力是企业不断发展的动力。因此高层主管更有必要去培养自己的创造力，进而提高整个组织的创新精神，打造一个充满活力的现代优秀企业。

第二篇 打通人脉，增强沟通力

美国著名人际关系战略专家考克尔有一句经典的名言：人际关系是潜在的黄金！对于高层主管来说，掌握人际关系这门学问尤其重要。与上级要和谐相处，与同级要携手谋事，对下级要恩威并施。只有练就一身游刃有余的功夫，才能进退自如，成为智慧型的管理高手！

第一章
对上司,维系良好的信任关系

高层主管应该处理好自身与上司的关系。只有获得上司的支持,你的决策、计划才能实行,你在企业中的地位才会稳固。否则的话,贵为高层主管的你也只能成为职场中的失意人。

第一章
对上司,维系良好的信任关系

聪明地向上司说"不"

　　交际场上的高手一般不直截了当地说出要说的字眼,而是含蓄地表达其意思。

——爱默生

　　企业高层主管需要与上司建立良好的关系,这对于顺利开展工作是必要的。但在实际工作中,高层主管难免有与上司意见相左的时候,这时候高层主管就要能够智慧地将"不"说出来。

　　当高层主管向上司说"不"时,请确定这是出于强烈的责任感和事业心。

　　提倡高层主管对上司说"不",绝不是说可以乱说一气。而是在对自己具体分管的工作进行全面了解的基础上,用事实说话,力求说到点子上,最重要的是要有利于工作。故意显能、降低上司威望的思想亦不可取。

　　要善于在上司的思路正在形成时说"不"。因为上司对工作的决策思路总有一个调研、思考和完善的过程,同时,这也是一个对事物的看法不断深入的过程。在此过程中,由于受客观事物的复杂性和认识的局限性影响,上司难免出现偏差。作为企业的所有者,上司应该是希望听到各种不同意见的。高层主管要适时亮出自己的意见,用自己的意见去修正上司的思维,完善其决策思路。

　　要尽量在私下里说"不"。很多时候,维护自己的尊严是领导者的一种本能。因此,如果高层主管对上司说"不"选择在非正式场合,则一般不会损伤上司的尊严。你的尊重会换来上司的尊重，上司也会尊重你和你提出的批评意见。相反，如果高层主管在正式场合或在大庭广众之下对上司说"不"，则是以工作的身份表达下级对上级的意见，容易触动上司维护尊严的本能，甚至引起抵触情绪，或使其产生戒备和反感心理，难以收到理想的效果。

另外，说"不"要注意选择适当的方式。

要采取"两头赞扬，中间批评"的策略。人们在听到赞美时比听到批评时更要舒服。高层主管向上司提意见，如果一开口就说"不"，往往难以达到预期效果，很难使上司心悦诚服地接受。但如果首先对上司决策、意见中的合理部分或良好的动机赞美一番，然后再有针对性地、巧妙地对其不合理部分或不良后果说"不"，同时再使用一些赞美的词语加以概括总结，使谈话在友好的气氛中结束，那么很可能上司就不会太难为情，从而减少其因被激怒而引起的冲突，达到预期目的。

委婉地说"不"。尽管高层主管是企业的实际经营管理者，但高层主管在对上司说"不"时，粗暴地顶撞或表现出不耐烦、不屑一顾的样子，往往会适得其反，无功而返。反之，如果以平和的心境和口吻与上司交换思想，说服上司收回或改正其不符合实际的企图与要求，效果要好得多。

幽默地说"不"。当上司向自己提出一些难于应允、不合情理的要求时，作为高层主管如果直接说"不"，往往难收其效。但如果将原则性和灵活性巧妙结合，采用幽默的方式加以拒绝，既活跃气氛，又避免尴尬，效果会好得多。

引导上司自己说"不"。对于上司的一些不正确的想法和做法，高层主管可以通过商讨、分析、对话的形式，帮助其认识不足之处和错误，引导上司自己主动说"不"，从而放弃不实际或非分的想法，得出高层主管想要说出的正确结论。这也是高层主管说"不"的最高艺术。

智慧今享

高层主管和上司的关系好比舞台上的主角与配角，对整部戏来说都是不可缺少的。如果两者相处融洽，整个企业的工作就能顺利开展；反之就会影响工作的正常开展，甚至会造成不必要的损失。

第一章
对上司，维系良好的信任关系

与上司建立融洽的工作关系

从前，某个国家的森林内，有一只两头鸟，名叫"共命"。这鸟的两个头"相依为命"，遇事两个"头"向来都会讨论一番，才会采取一致的行动。比如到哪里去找食物，在哪儿筑巢栖息等。

有一天，一个"头"不知为何对另一个"头"产生了很大误会，造成了谁也不理谁的仇视局面。

其中有一个"头"，想尽办法和好，希望还和从前一样快乐地相处。另一个"头"则睬也不睬，根本没有要和好的意思。

最后，这两个"头"为了食物开始争执。那善良的"头"建议多吃健康的食物，以增进体力；但另一个"头"则坚持吃"毒草"，以便毒死对方才可消除心中怒气！和谈无法达成一致意见，于是只有各吃各的。最后，那只两头鸟终因吃了过多的有毒食物而死去。

在一个企业中，高层主管与上司的关系便如同鸟的两个头，大家应该团结一致。若发生不愉快，则应开诚布公地解决。这样高层主管才能在企业中站稳脚跟，才能把企业管理好。

高层主管要与上司建立良好的工作关系，就必须做好以下几个方面的工作。

（1）调整自己的个人风格。

每个人都有自己的工作风格，高层主管应主动调整自己与上司在工作风格上的差异。

一般来说,高层主管可以根据上司所偏好的方法来调整自己的风格。老板们可以分为"倾听者"和"阅读者"两种。喜欢以报告的形式获得信息,并且阅读和研究这些信息的上司是阅读者;而偏好于与那些提供报告和信息的人在一起工作,并向这些人询问一些问题的上司是倾听者。这两种上司之间的差异是显而易见的。如果你的上司是一位倾听者,你需要做的是必须首先挑选那些提供信息的人,然后让他们与上司进行交谈,并记下他们所交谈的内容;如果你的上司是一位阅读者,你需要做的是必须在自己的备忘录或者报告中涵盖那些重要的问题和建议,然后交给你的上司,最后在董事会上讨论。

高层主管还可以根据上司的决策风格来调整自己的风格。如果你的上司偏好于参与有关问题的决策,那么他通常都喜欢插手干预那些正在运行的事务。因此在开展工作初期,高层主管如果能够请上司参与其中,通常会收到很好的效果。但如果你的上司偏好于委派自己的代表去参与有关事务,而不是亲自参与,那他会希望高层主管能够就一些重要问题向他汇报,并告诉他那些不断发生变化的信息。高层主管应注意其中的区别。

高层主管应该通过了解上司的工作风格并适时调整自己的行动,来与上司建立一种适当的工作关系。这样做不仅可以发挥相互之间的优点,而且还可以弥补彼此之间的弱点,达到扬长避短的最佳目标。

(2)不断进行信息交流。

上司的风格及其所处的环境,以及他对下属所拥有的自信决定了他需要掌握下属的多少信息。想取得高绩效的高层主管一定不要低估上司所需要知道的信息,并应通过那些尽可能符合上司的工作风格来告诉他们这些信息。

比如,如果上司不喜欢听取有关问题的汇报,就会给管理这些信息带来一定的困难。上司通常情况下会发出信号,表示他仅仅想听取一些好的信息。当有人告诉他出现了问题时,他通常很不高兴,并会以一种非口头的形式表现出来。这样的上司往往会忽视个体的成绩,甚至可能会认为那些不会给自己带来问题的高层主管更让人满意。

这时高层主管需要做的,是根据上司风格的不同,向他汇报他所想要知道的信息。

但对于一个健康的企业而言,无论上司还是高层主管,都需要去听取有关失败的信息。对那些只愿意听好消息的上司,要采取一些间接的方法将那些必要的信息传递给他。对于那些潜在的问题，应立即与上司沟通，无论这些潜在的问题表现为好消息还是坏消息。

（3）赢得上司的信赖。

虽然从主观上来说，没有哪个高层主管愿意在与上司相处时表现得不诚实，使自己受人怀疑。但有时候事情的真相往往很容易被掩盖，一些被忽视的细节将来会变成高层主管不被信任的根源。如果高层主管不能让上司准确地了解并信赖自己，就很难有效地工作。失去了最起码的信任，上司就会监督高层主管所有的决策，这对高层主管的正常工作往往会带来很大影响。

因此，对于高层主管而言，一定要具有诚实的美德，并努力赢得上司的信赖。

（4）花点时间经营与上司的关系。

有些高层主管可能会认为，自己除了完成本职工作之外，还要花费时间和精力去经营自己与上司之间的关系是件很繁琐的事情。实际上，这样做非常重要。这种活动会消除一些潜在的严重问题，从而使高层主管的工作在一定程度上得到简化。高层主管应该认识到这部分工作的合理性，并把它作为自己的一项工作去完成。

智慧分享

高层主管应该多用点心与上司搞好关系。融洽的工作关系有助于高层主管更好地管理企业，使指挥系统有序而和谐，最终保证企业的经营业绩。

反向约束帮你协调上下关系

  有一位生意人最近很不顺心,尽管他工作很努力,但对自己的业绩却很不满意。
  他总是在梦中,拼命推一扇无论如何也推不开的门。早上醒来时,他总是感觉到很沮丧。看来天意如此,他永远打不开那扇门了。
  同样的梦重复了十几日,白天他总是精神不振。后来,他无法忍受这种折磨,于是去拜访一位心理专家。
  心理专家给他建议:下一次暂停下来,看一看周围的情况。
  当晚,他果然又梦到此情景。于是他停下来向四周看时,发现门侧有一标牌,写着"拉"。他试着拉门,门果然开了。

  一般来说,在一个企业中上司是在对高层主管起约束作用。但某些时候,这种约束也可能会影响高层主管才能的发挥。解决的办法不一定要直来直去地对抗,这样做很可能会破坏双方的关系。此时不妨像故事里的人一样,放弃"推"尝试"拉",或许问题就迎刃而解了。
  威尔逊总统执掌白宫期间,爱德华·豪斯上校因对威尔逊总统有着无与伦比的影响力,而在国际国内事务中扮演着重要角色,这是为世界各国的政治人物、外交官员乃至所有美国公民广为知晓的事情。但人们困惑的是,豪斯上校为什么会对威尔逊总统有如此大的影响力呢?
  豪斯上校的朋友曾转述豪斯上校的一段话:"我发现,要改变总统对一件

第一章
对上司，维系良好的信任关系

事的看法，只有一个方法，那就是我常常很不经意地向他提出一些事情，使我的观念自然地灌注到他的大脑中，使他产生兴趣，潜移默化地影响到他的决策。这一方法第一次生效是在一次偶然事件中。我到白宫拜见他，催促他决定一项政策，而他当时显然对这项政策并不赞同。我没有立刻和总统进行争辩，只是在之后的另外一个场合进行旁敲侧击。有意思的是，几天之后，我在与总统共进午餐时，竟惊奇地听到总统将我的建议作为他自己的想法说了出来。"这段话让人们大受启发。

我们会发现，豪斯善于掩藏其功利性，并十分注重在恰当的时间、恰当的地点，把握威尔逊总统最容易接受意见的情绪氛围，同时注意对威尔逊总统的意见不轻易说"不"，也不急于将总统的"不"强扭为"是"。这或许就是豪斯上校对总统先生反向约束成功的奥妙所在。

身为高层主管应该从中受到的启示是：在对上司进行反向约束时，将自己的建议不着痕迹地变成约束对象自己（也就是上司）的思想，这是最巧妙的也是可能对系统运行产生最积极影响的方法；与之相反，那种有意或无意地提醒被约束者"那是我的建议，不是你的想法"的人，其实是最不明智的。日理万机的威尔逊总统显然绝不是刻意地将豪斯上校的功劳据为己有。而豪斯上校反向约束威尔逊总统的高明之处，就在于其让威尔逊总统认为那些建议是自己的智慧与决策。此时，豪斯上校再在公众场合适度地给总统以高度的赞誉，便会很自然地使总统在推行该决策时更加不遗余力。

那么，对于高层主管来说哪些方式才是反向约束上司的最佳方式呢？

首先，要让上司明确你的建议有益于企业的有序运行。以实事求是的态度和以上司能接受的方式提出意见和建议，同时，还要有充分了解并利用上司个人特有的能力。比如，如果你的上司具有较强的协调能力，你就应该努力为之创造一切有利条件，促成上司充分施展这方面的才能，以使系统全面有序地运转。但这一切的前提是，你必须让上司明白无误地感觉到你所做的一切都是为了提高组织绩效，把公司管理好。只有这样才能让上司愉快地听取并采纳你提出的意见和建议，成功实现你的反向约束目标。

其次，反向约束要因人而异。根据上司的不同个性特征选择提出意见、建议的最佳方式。人作为个体都有其独特的个性，企业的所有者——上司的个性特征往往更加突出。充分考虑约束对象的心理特征，采取其最易接纳的方式方法，更易于顺利实现反向约束的目标。如对于处事风格干练、推崇简洁明快的上司，直截了当地阐明自己的观点更易为之接受；而对风格严谨、习惯严密思维的上司，则以形成推论严密的报告为佳；对风格谨慎、喜欢事出有据的上司，为其提供政策法规及理论数据方面的充分依据，更能投其所好。

最后，要把握提出意见建议的最佳时机。人们对待事物的态度往往因环境和情绪的变化而变化，上司也不例外。如果实行反向约束的高层主管能够善于审时度势，选择最佳机会向上司进言，就更易于成功。反之，如果在上司情绪欠佳或事务繁忙时，特别是在你的意见建议需要上司做复杂判断或明知自己的意见建议很难为上司接受的情况下进行时，难免碰一鼻子灰，局面也会弄得很尴尬。由此可见，选择进言时机有多重要。

智慧分享

彼得·杜拉克告诉我们：你不必去喜欢和尊敬你的上司，你也不要嫉恨他，但你必须去约束他，这样，他才能成为你达到目标、成就和个人成功的资源。因此，身为高层主管的你一定要掌握一套有效对上司进行反向约束的艺术和技巧，这样你的地位就会更稳固。

第一章
对上司,维系良好的信任关系

与不同类型的上司搞好关系

  在这个世界上,尽如人意的事并不多。咱们既活着做人,就只能迁就咱们所处的实际环境,凡事忍耐些。

——泰戈尔

  与上级打交道,就一定要抓准上级的性格。凭借自己的机敏,"看人下菜碟",才能与不同性格的上司维持和谐的关系。

(1)火爆型上司。

  有些人天生脾气暴躁,情绪容易失去控制。这类上司常常为一些小事而大发脾气,甚至公开斥责下属,叫人难受极了。

  据心理学的推断,经常令下属惊怕的上司,只是权力欲作祟而已。你当然没有可能请他去见心理医生,可以做到的就是自我保护了。

  当上司大发雷霆时,不要推卸责任或试图解释,应冷静地说:"我会注意这情况的",然后离开。既然目标物已在眼前消失,上司就没有咆哮的对象了。

(2)朝令夕改的上司。

  这会让你真正体会到"左右做人难"的滋味,因为你的上司经常朝令夕改,叫你不知所措。

  究竟上司这种态度的动机是什么?有些人的确是优柔寡断的,偏偏上司就是这种性子。加上他地位比你高,自然是改变初衷也无歉意。

  你自忖不能长久忍气吞声,该来个怎样的对策?在适当时候,作出某些

反应吧。例如,你遵照上司指示作妥一个决策,报知上司时,他竟然力指决策之不足,不妨这样反问他:"一切都是按你的意思做的呀,还有什么要改的呢?"

(3)高高在上的上司。

很多春风得意的上司都喜欢"高高在上"。很不幸,你的上司是"摆款"祖师,在你这个企业的实际经营者——高层主管面前摆架子,让你敢怒不敢言。

聪明人肯定明白,跟上司作对只有吃亏的份儿。然而,采取"拍马"政策也是不切实际的,因为身为高层主管的你也需要建立自己的权威。

那么,是否要做"言听计从"之人?其实,尽量迁就对方,而又不违背你做人的标准,就足够了。事实上,尊敬上司、服从上司和努力工作,是每一个企业高层主管的必要条件,而太强迫自己去做不喜欢之事,倒是不必的。

(4)不体谅下属的上司。

你有一位做事缺乏责任心的上司,不会体谅下属,又疑心大,使你满腹俱是怨言。

记住,千万不能向其他部门的同事诉苦,指责上司的不是。所谓"家丑不可外传",何况,这些同事可以帮上什么忙呢?你给他们提供了一个上佳谈资,那只会让事态扩大,对你绝没有好处!想一下,上司会喜欢将公司交给一个背后中伤上司的人吗?

对思想保守、自尊心强的人,切勿开门见山地直言其错,只能婉转相告。若对方比较开放,胸襟较宽广,不妨相约一个时间,将你的心里话一一坦言,相信不难找出一个解决的办法。

知己知彼才能百战百胜,摸清上司的性格,是与上司和谐相处的关键。

智慧分享

每个人都有其长短处,上司也是如此。对此你不仅要体谅,更要积极地寻找对策,与其建立良好的工作关系。不要因为看到上司某方面性格缺陷,就对他产生成见。别忘了他是你的老板,取得他的信任,是你必须做好的事。

第一章
对上司，维系良好的信任关系

赢得上司支持扩大影响力

  事实上，属于私人的意义是完全没有意义的，意义只有在和他人交往时，才会有存在的可能。

——阿德勒

  在一个企业中，上司及董事会才是权力的主体，他们在很大程度上影响着企业高层主管的工作环境、绩效。只有与上司处理好关系，高层主管才能获得个人发展机会，才能得到下属的尊敬和支持。

  （1）良好的关系有利于身心健康，保持正常的心态。

  这包括两个方面：生理健康和心理健康。两者相互依赖、相互联系，缺一不可。生理健康和心理健康的获得和保持，除了先天条件外，前者主要靠合理的饮食起居、适当的体育活动和防止意外的侵害，后者主要取决于处理好人际关系，特别是工作环境中与上司的关系（当然也包括下属和同级关系）。

  与上司的关系对高层主管的心理健康有着十分重要的意义。著名心理学家马斯洛认为，人的需求包括：生理需要、安全与保障、爱与归宿、他人的尊重与自尊、发展需要和自我实现等六个层次。其中"尊重""发展"和"自我实现"是较高层次的需要。而要满足这些需要，除了其他诸多因素之外，其中极为重要的一条就是要处理好与上司的关系。在现实生活中，有的高层主管由于善于处理与上司的关系，从上司那里得到了"尊重"和"自我实现"，因而使自己的心理呈现出一种健康的状态；而有的人则由于不善于处理与上司的关系，不能从上司那里获得精神满足和需求，因而心理呈现出一种非常态的状况，诸如老气横秋、沉默寡言、牢骚满腹、怨天尤人等。一正一反，其原因不言自明。

高层主管健康的心理和正常的心态，既有利于生活，也有利于工作和自身的发展，应当给予足够的注意和高度的重视。

（2）良好的上下级关系有利于营造良好的工作环境。

高层主管的工作环境有六项因素：领导（上司）、组织、同事、下属、工作条件、提高条件。这六项因素又可分为两类：一类叫做精神因素，它包括一个人同领导、组织、同事、下属的关系，即工作环境内的人际关系；一类叫作物质因素，它包括工作条件和提高条件，即从事工作的前提和基础。上司在这六项、两类因素中，居于轴心地位，起着主导作用。

①从精神因素看，在工作环境内的人际关系中，高层主管对更上一级领导起着承上启下的桥梁作用；对于下属，他起着组织、指挥、调度、控制、协调、平衡的纽带作用。高层主管可以凭借自己的有利地位，采取行政干预手段，施加强有力影响，按照工作需要和自己的意愿，去调整、改善、加强工作环境内的人际关系。高层主管的这种轴心地位和主导作用，决定了高层主管必须"理顺"上下级关系，这样才可能争取到一个良好的工作环境，更好地开展工作。

②从物质因素看，高层主管作为组织的决策人，对其管辖范围内的物质条件拥有支配权。而物质条件又是我们每个人开展工作的必要条件。物质条件的获得，离不开上司的理解、支持和帮助。上下级关系处理得如何，往往在很大程度上决定着上司能否理解并支持你的事业。上下级关系处理得好，彼此理解，你获得物质条件的机会就多，可能性就大；反之，获得物质条件的机会就少，可能性就小。

工作环境是每个人都不可忽视的重要条件。而上下级关系又是工作环境中的主要方面。因此，高层主管要想争取好的工作环境，就必须首先争取一个好的上下级关系。

（3）良好的上下级关系有利于取得上司的信赖。

在现实生活中，高层主管的工作大都是在其上司的直接领导下进行和完成的。在整个组织机构和领导活动中，上司处于核心地位，起着主导作用。其对高层主管的信任程度和支持与否，既取决于高层主管的基本素质和工作表现，也取决于彼此的交往和关系。在前者情况相同的条件下，后者起着决定性的作用。基于这种客观实在，如果高层主管能够处理好与上司的关系，就会在上司心目中留下一个良好的印象，增加对你的信赖度，从而给你更多的支持、指导和帮助。社会学和心理学的研究结果表明，管理者在上下级关系比较融洽的情况下，心理距离、空间距离就会缩短，而感情因素则会增加，上司及董事会会从多方面给高层主管创造条件和提供方便。这对工作的开展和个人的发展都是有益的。

在一般情况下，得到上司信赖和支持的高层主管，往往更具权威性、号召力和影响力，也能够得到下属更多的拥戴和追随。反之，其权威性、号召力和影响力就会减弱，甚至还会出现"疏""离""弃""反"的现象。

上司的信赖是做好工作的前提，下属的拥戴是取得成效的保证。高层主管应当重视与上下级处理好关系，最大限度地取得上司的信赖，赢得下属的拥戴，在"天时、地利、人和"中寻求最佳的成绩。

（4）处理好上下级关系才能更好地取得工作绩效。

工作绩效是高层主管工作的直接目标，几乎没有人只干工作而不问绩效。而与上司的关系又与工作绩效密切相关，这主要表现在它对取得工作绩效条件的制约上。

①机会。机会是任何人成长时都不可缺少的重要条件。机会的获得除了机遇偏爱和自我创造外，上司提供也是一个重要途径。上司，作为"权力主体"，对机会具有一定的影响力。机会往往不多，不能每个人都得到，它常需要由上司来创造、提供和分配。有的人能够从上司那里得到机会，有的人却失之交臂。这里面有许多因素起作用，其中之一就是上下级关系。尤其是在各方面条件大体相当的情况下，上司对机会的决定作用就更大，与上司关系好，获得机会的比率就高，反之则低。在机遇、自我创造和上司提供三种途径中，第一种比率低，易逝性大，不容易碰到，也不容易抓住；第二种是不得已而为之的途径，事倍功半，很不好把握；而第三种相对于前两种来说，则比率较高，稳定性较强，把握性较大。因此，对于每一个具备了一定才能又想干一番事业的高层主管来说，须处理好上下级关系，努力从上司那里获取更多的发挥才能的机会。

②工作条件。条件是取得工作绩效的基础，任何人，要做好任何工作，都不能离开相应的条件。而获得和改善工作条件的途径是多方面的，主要的还

是要靠上司的支持和帮助。因为上司作为单位的"权力主体",可以运用权力为人们创造有利的工作条件,也可能为人们的工作带来不利因素。如果一个高层主管不但具有一定才能,而且上下级关系也好,彼此间心心相印,感情融洽,那么上司就容易理解和支持你的事业。你就会借上司提供的便利条件,使自己的才能得以充分发挥,做出更大成绩。

(5)上下级关系好坏与升迁荣辱有直接联系。

决定高层主管升迁荣辱的因素很多。概括起来有两大类:一是主观因素,主要指高层主管的思想素质、业务能力、脾气秉性及身心健康等;二是客观因素,主要指高层主管所处社会的政治状况、周围环境、工作环境等。上下级关系属于客观因素的范畴,它直接影响着高层主管的工作绩效以及对工作绩效的尊重和评价。

领导和处于领导地位的专家、学者掌握着人才的培养、鉴别、选拔和使用等权力。因此,与上司的心理距离越近,其成绩就愈容易被上司发现。即使出现曲折,也容易得到上司的理解。反之就不会产生有效的心理感应。

智慧分享

决定一个企业高层主管成败荣辱的因素有很多,个人的才能素质是一方面。而高层主管与上司关系的远近也非常重要。一旦忽略了上下级关系,那么结局便往往是失败!

第一章
对上司，维系良好的信任关系

会说帮你赢得上司赏识

有一个秀才去买柴，他对卖柴的人说："荷薪者过来！"卖柴的人听不懂"荷薪者"（担柴的人）是什么意思，但是听得懂"过来"是什么意思，于是把柴担到秀才前面。

秀才问他："其价如何？"卖柴的人听不太懂这句话是何意，但是听得懂"价"这个字，于是就告诉秀才价钱是多少。

秀才接着说："外实而内虚，烟多而焰少，请损之。"（木材外表是干的，里头却是湿的，燃烧起来会浓烟多而火焰小，请减些价钱吧。）卖柴的人因为听不懂秀才的话，于是担着柴转身走了。

作为企业高层主管，向上司、董事会汇报工作，提意见建议是常有的事。此时不仅要注意说什么，还要考虑好怎么说。若是像故事中的秀才那样不分对象说话，只会导致失败而已。

那么，聪明的说法是怎样的呢？

（1）发挥"倒装"手法在汇报中的神通。

大多数上司因整日忙于各种事务而不同程度地持有烦躁的心态。因此，他们在听取部下的汇报时，往往急于知道事情的结果究竟是什么。

因此，部下在向上司汇报工作时，无需絮絮叨叨地详细说明事情的原委和工作的过程，而应直接了当地言明成功或失败的结局。

要知道，那些拖沓冗长的开场白只能使上司烦躁不安。而这种从结论部

分开始汇报的方法是不会使上司感到不耐烦的,他反而会因此赞美你的明确与爽朗。

如果在事情已经失败的情况下,这种做法更显得异常重要,上司会因此对你怀有特殊的好感。

这是因为,上司急于听到的,不是你的辩解之词,而是事情的最后结果。至于失败的原因,则可以慢慢地听你讲。事实证明,即使是汇报同一个失败事情,把结论放在前面与放在后面所产生的效果大相径庭,甚至是截然相反的。

大家都有这样的经验:当你读到一篇文章时,如果能够在开头的两三行内读到作者概括整篇文章的话语,便会感到该文脉络清晰,条理分明,主旨清楚,你也会轻易地理清该文的写作脉络,明确其结论。

没有人会否定这种文章是上乘之作。同样道理,我们在工作中向上司汇报情况时,也应该这样做。

(2)多给自己创造一些作总结性发言的机会。

在电视节目中,我们经常会看到两组嘉宾就某个问题进行争论的场面。一般的,在接近尾声时,激烈的争执仍无法定论。只有当主持人最后发表一通评论时,问题才基本有个定论,节目结束。

这时候,电视观众们会自然而然地产生这样的想法:主持人在最后发表的一通评论是最正确的。

实际上,主持人在评论中并没有掺进一点自己的观点。他只不过把双方争论的重点略为复述、归纳了一下,想给听者留下一点印象和痕迹罢了。

然而,听者最后所记住的往往只是主持人的话,他们感到印象最深刻的人,也是主持人。

由此可见,在会议上作"最后的发言"具有很多别人无可比拟的优势。

如此一来,上司便会发现你的能力,赏识你所具有的"独特"思维。

事实上,发言的时刻越是向后推移,错误复杂的问题就越明了,因而你所获得的修正自己意见的机会就越多。这样,你就会给上司和其他与会者留下"精明能干"的深刻印象,他们会认为你与众不同。

可见,"后发制人"是在会议上发表意见时最明智的选择。

还要注意,即使别人在你发言之前已经说出了与你相近或相同的观点,你仍然要在后面说上几句。这样做,其他人就会认为你的意见更全面、更准确。

第一章
对上司，维系良好的信任关系

相反的，如果你此时缄口不言，认为别人已经说出了自己的意见，那么上司很容易会把你的这一举动误解为是无能的表现。

当然，抱持"后发制人"观点的人可能不止你一人，上司或其他同事也有可能要求你在前面发言。此时，你应该巧妙地让过去，尽量不做"马前卒"，而等待最有利于自己发言时刻的到来。比如，你可以找一些较为恰当的借口推辞一下："这个问题我正在慎重地考虑，就让××先说吧。"

这种方法，虽然颇费脑筋，但它却有助于表现你的与众不同，让领导赏识你，因而是值得一用的。

（3）以向上司请教的方式呈报自己的意见和建议，可以使你不受责难。

当高层主管就公司的经营政策或机关的重大决策发表意见时，如果直陈己见，往往会遭到上司的激烈反驳。

这是因为在看到部下谈论这些重大问题时，竟然表现出无所顾忌的样子，上司就会感到丢了面子，因而心中反感："此人太狂妄了，居然对我的做法吹毛求疵，真是越来越无法无天了！"

为了避免触及上司最敏感的神经，使他产生反感，在这类问题上，高层主管应该不露声色地照顾上司的面子（切记，一定是"不露声色"地照顾。否则的话，上司一旦察觉到你是在有意照顾他的面子，同样会产生尊严丧失的不良感觉）。

那么，究竟怎样才能做到不露声色地照顾上司的面子呢？

很简单，你只要能借助于请教的方式表述自己的意见就完全可以了。

比如，你可以这样对上司说："关于这个问题，我有一个疑问……请您指教。"或者说："这个问题究竟该如何解决，我还拿不定主意。经过慎重考虑，我想了三种方案……您看哪一个最好呢？"

这种糖衣药片般的提意见方式，将会满足上司的自尊，照顾到他的面子，因而他会对你的意见表现出热情，诚恳地倾听你的意见。

除了能让上司认真地对待自己的意见并对你表示出赞赏之外，这种求教式的提意见方式还有一个潜在的好处：使上司注意到你的谨慎、细心。

无论你所提的意见是优是劣，当上司听到你用这种方式向他陈述意见时，首先想到的是诸如"这个家伙很关心公司的事呀""这个家伙对领导还蛮体贴的呀"之类的想法，因而对你的好感也随之增加。

从表面上讲，这种求教式的提意见方式也许有抹杀自己的能力之嫌。然

而，实际上并非如此。它恰恰表现了你与众不同的能力，即避开锋芒、迂回曲折地达到自己目的的能力。

这与那种直陈己见、受到训斥的做法明显不同，它显得更明智——你会因此赢得上司的好感，上司也更易于采纳你的意见或建议。如此一来，你的能力在上司那里仍然得到了肯定。

不过，这种方法切忌滥用，否则是会招致领导反感的。如果你对自己所负责的工作总是不能直陈己见、果断处理，那么，领导很可能会因此把你理解成一个毫无主见和能力的平庸之辈。

（4）预先把最糟糕的事态委婉地通知上司，可以使你在以后失利时仍然立于不败之地。

当你预测到工作中将会出现较坏事态时，怎样把这一事态通知上司，关系到上司对你的评价。

最明智的做法就是，采用委婉的方式把事态说得更糟糕，以便让上司对即将发生的事在心理上有所准备。

有这样一个事例。

某电器制造公司的推销员小 P，本来每月可以推销出去 50 台冰箱。可是，由于最近一段时间有家公司的竞争对手们纷纷采取了更能打动顾客的促销手段，所以他估计自己下个月的销售业绩必定会受到影响，充其量只能售出 20 台。

于是，小 P 预先给上司打招呼说："最近冰箱销售市场的竞争很激烈，尽管本月我们公司的销售业绩尚算可以，但下个月恐怕只能销售出 10 台左右。"

小 P 的这种做法是十分明智的。其原因主要在于：如果小 P 在下个月能够售出 20 台冰箱，由于他预先告诉上司只能售出 10 台，上司头脑中的估计已经比 20 台更糟糕了，那么，他就不会把销售额的下降归咎于小 P 推销不力所导致的失败。

相反的，如果小 P 告诉上司说："如果下个月我全力以赴的话，也许能售出 25 到 30 台。"那么，上司就会强烈地意识到"20"是个失败的数字，并会认为之所以会造成这一失败是由于小 P 没有全力以赴的缘故。

（5）在向上司谈论自己的计划时，不要把该计划和盘托出，而应给上司留有较充分的补充余地。

在强调团体协同作战的公司、企业或政府机构中，如果出现一个技艺卓然的优秀分子，那么，这一团体内部的协调性就会在一定程度上受到破坏。那位对工作充满自信的优秀人物，也往往因为鹤立鸡群而陷入孤立的困境。

尤其是当一位部属明显地在能力上高于其上司，上司在部属面前时时显得相形见绌时，那么这位上司一定不会赏识这位部属，反而会讨厌他。

众所周知，如果想使自己的提案顺利地得以通过，就必须激发起其他成员的参与意识，这其中当然包括你的上司。只有当你的计划被大家主动自觉地参与后，人们才能对你的计划和提案产生热情。

那么，怎样才能让上司自觉主动地参与到你的计划中来呢？

最好的做法就是，预先给上司留下修正你的计划和草案的余地。为了照顾上司的面子，你可以对他说："我只能考虑到这一步，但离全面完善这项提案尚有一定差距。"

这样作无疑是明智之举。它不仅最大程度地满足了上司的参与意识，而且可以使你的提案因此而顺利通过。

作为计划的提出者，你会因此被上司誉为"才华横溢的家伙"，你们之间的距离无形中缩短了许多。

此外，这种方法还有一个长处，那就是在修正提案的过程中将会增强上司与你之间的认同感。在提案实施的过程中，上司也会有责任感。他会随时提供你所需要的一切帮助，为你尽力创造有利条件。

相反的，如果你对计划和提案作了极为周详的考虑和安排，令上司没有一点可以插足的余地和介入的机会，那么，无论你的计划有多好，无论你的自我感觉多么出色，也会引起上司的反感。即使他勉强同意你的提案，但是在你实施该提案的过程中也不会得到他的帮助。而且，假如你在实施过程中出现了意想不到的差错，他还会因此而责备你，埋怨你没有能力。

高层主管必须学习用适当、慎重的语言来向上司及董事会传达讯息。而且对于说话的场合、时机要有所掌握，否则就难以达到自己的目的。

尽管上司将企业交给了你管理，但他未必已经真正地信任了你。你必须经常向上司汇报工作，让他能够及时掌握工作的进度和具体情况，这对于改善上下级关系具有神奇的作用。

第二章
对骨干，建立良性的互动关系

在一个企业中，企业高层主管不仅要赢得上司的赏识，还需要获得各个部门高级主管的拥戴与支持。只有与他们关系融洽了，才会上下一心，团结协作，更好地完成领导工作。否则的话，不但决策命令无法得到有效落实，自己也很难在企业站稳脚跟。

六招获得同级的支持

  三个尼姑在破落的庙宇里相遇。"这个庙为什么如此荒废凄凉呢？"甲尼姑触景随口提出这个问题。
  "一定是尼姑不虔诚，所以诸神不灵。"乙尼姑说。
  "一定是尼姑不勤劳，所以庙才不净。"丙尼姑说。
  "一定是尼姑不敬谨，所以信徒不多。"甲尼姑说。
  三人你一言我一语，最后决定留下来各尽所能，看看能不能够成功地拯救此庙。于是甲尼姑恭谨化缘招呼，乙尼姑诵经礼佛，丙尼姑殷勤打扫。果然香火渐盛，朝拜的信徒络绎而来，而原来的庙宇也再度恢复鼎盛兴旺的旧观。
  "都是因为我四处化缘，所以信徒大增。"甲尼姑说。
  "都是因为我虔心礼佛，所以菩萨才显灵。"乙尼姑说。
  "都是因为我勤加整理，所以庙宇焕然一新。"丙尼姑说。
  三人为此日夜争执不休，庙里的盛况从此又一落千丈。分道扬镳后，她们总算得到一致的结论：这庙之所以荒废，既非尼姑不虔诚，也不是尼姑不勤劳，更非尼姑不敬谨，而是尼姑不和睦。

  领导团队不团结，往往会造成内耗，这种情况对企业危害极大。企业高层主管必须认识到：个人力量只能获得很小的成功，团队力量才能获得大的成功。因此与同级建立良好的工作关系，不仅是必要的，也是必须的。

高级主管是高层主管最重要的下属、伙伴，高层主管个人能力的发挥有赖于高级主管的理解、配合。那么，怎样才能获得他们的鼎力支持呢？

（1）真诚对待高级主管。

真诚是人与人和谐相处的基础。真诚对待你的高级主管，可以在你们之间架起一座心灵沟通的桥梁，打开通往对方心灵的大门。在此基础上，双方可以共同合作。真诚对待你的高级主管，要做到坦荡无私。一旦发现高级主管有缺点和错误，要及时指出，并帮助他改正。

（2）多看高级主管的优点长处。

由于每个人的经历不同，性格各异，因而其处事方法必然存在许多不同之处。对此高层主管千万不能强求一致，而是应认识到高级主管之所以能走上领导岗位，必然有其良好的综合素质。如果高层主管能多看看高级主管的长处，并注意取长补短，那将更有利于彼此的沟通，达到协同合作的目的。

（3）积极与高级主管沟通。

与高级主管交换不同的意见、经验和感受，不仅有利于各自取长补短，进一步提高工作质量，而且还能起到增进理解、化解矛盾、融洽关系的作用。高层主管应加强与高级主管的交流沟通，并根据高级主管分管领域的不同及其特点，向高级主管提供必要的信息，包括环境、形势、任务和自己的主张等，这样更容易赢得高级主管的信任，获得其支持。

（4）支持开展工作。

虽然高级主管分管的工作是一个组织整体工作的组成部分，但对其工作不能一"分"了之，高层主管应尽力帮助高级主管解决工作中遇到的困难。比如高级主管在推进工作过程中，常常需要非本人分管部门的配合与支持，而有些部门的领导常常会表现出冷漠、推诿，甚至刁难的态度和做法。一旦发现有此类情况出现，高层主管应出面坚决予以制止，并进行有效的协调，帮助高级主管顺利地开展工作。

（5）要勇于为高级主管承担责任。

出现问题时，高层主管应该勇于负起全面责任。高层主管的"大家风范"不仅表现在对工作的战略规划、总体部署与指挥上，还应表现在出现困难与挫折时，能勇敢地担当起责任。高级主管在开展工作过程中，有时会因考虑欠周全或意外因素的影响，出现一些失误。此时，高层主管绝不能袖手旁观，而是要立即承担起作为主要领导者的责任。然后，再与高级主管一起分析问题的原

第二章
对骨干，建立良性的互动关系

因及研究解决的方法。只有高层主管首先成为勇于承担责任的表率，高级主管遇到困难和挫折时才会以饱满的热情和信心去克服，并承担起属于自己的那份责任。

（6）主动维护高级主管的威信。

削弱高级主管的威信对高层主管也同样有害。这样做的高层主管不道德，也不明智。真正懂得用权和用人的高层主管不仅不害怕高级主管拥有一定的权力，并在领导集体中具有较高威信，而且还会帮助高级主管建立和维护其威信，给高级主管以表现机会。在某些领导班子内部，一把手事无巨细，都要亲自做决定。表面上看，似乎位高权重，实际上却恰恰表明了一把手缺乏现代领导意识和能力。不善用权、不会用人的缺点。在某些正式或非正式场合，精明的高层主管应当不失时机地对高级主管加以赞赏。需特别注意的是，高层主管不要轻易地在公开场合批评高级主管，更不能在下级面前议论高级主管的弱点。

对高级主管的包容爱护是有原则的。对于那些多施宽容而不知自重，甚至出现违纪违法行为，给企业或组织带来损失的高级主管，则应立即采取组织措施，清除害群之马。

在领导团队中，要获得高级主管的全力支持，企业高层主管应不断地从内而外完善自己的人格和修养。知人善任，宽容大度，不滥用权力。做到这一点，你就一定能够赢得众人的信任与爱戴。

为高级主管大声喝彩

　　某王爷手下有个著名的厨师,他的拿手好菜是烤鸭,深受王府里的人喜爱。尤其是王爷,更是备加赏识他。不过这个王爷从来没有给予过厨师任何鼓励,使得厨师整天闷闷不乐。

　　有一天,王爷有客从远方来,在家设宴招待贵宾,点了数道菜,其中一道是王爷最喜爱吃的烤鸭。厨师奉命行事。然而,当王爷夹了一个鸭腿给客人时,却找不到另一个鸭腿,他便问身后的厨师说:"另一个腿到哪里去了?"

　　厨师说:"禀王爷,我们府里养的鸭子都只有一个腿!"王爷感到诧异,但碍于客人在场,不便问个究竟。

　　饭后,王爷便跟着厨师到鸭笼去查个究竟。时值夜晚,鸭子正在睡觉,每只鸭子都只露出一个腿。

　　厨师指着鸭子说:"王爷你看,我们府里的鸭子不全都是只有一个腿吗?"

　　王爷听后,便大声拍掌,吵醒鸭子。鸭子当场被惊醒,都站了起来。

　　王爷说:"鸭子不全是两个腿吗?"

　　厨师说:"对!对!不过,只有鼓掌拍手,才会有两个腿呀!"

　　要使下属始终处于最佳工作状态,并鼎力支持你的工作,那么最简单的方法就是多表扬和鼓励。

IBM公司在员工激励方面,有着独到的见解。

为了充分调动员工的积极性,IBM公司采取了多种奖励办法,既有物质的,也有精神的,从而使员工将自己的切身利益与整个公司的荣辱联系在一起。

IBM公司有个惯例,就是为工作成绩列入前85％以内的销售人员举行隆重的庆祝活动。公司里所有的人都参加"100％俱乐部"举办的为期数天的联欢会,而排在前3％的销售人员还会荣获"金圈奖"。为了表示这项活动的重要性,选择举办联欢会的地点也很讲究,譬如到具有异国情调的百慕大或马略卡岛。

有一个曾获得过"艾美"金像奖的电影制片人参加了该俱乐部于1984年的"金圈奖"颁奖活动,他说IBM组织的每日"轻歌剧表演"具有"百老汇"水平。

当然,对于那些有幸多次荣获"金圈奖"的人来说,颁奖活动就更能增加其荣誉感了。有几个"金圈奖"获得者在他们过去的工作中曾20次被评选进入"100％俱乐部"。

此外,在颁奖活动期间,还要放映获奖者本人及其家庭的录像片,让人们更了解获奖者的生活,并且把这种荣誉感带给获奖者的家人。

颁奖活动的所有动人情景难以用语言描绘。特别应指出的是,IBM公司的高层主管自始至终都会参加,这更会激起人们的热情。此外,该公司有时还会花样翻新地作出一些出人意料的决定,以调动员工的积极性和增加公司的凝聚力。有一个员工的业务名片上有一面蓝颜色镶金边的盾牌,这是他25年工龄荣誉徽章的复制图样,同时上面还印着烫金的压纹字:"国际商用机器公司25年忠实的服务"。这就巧妙地告诉你,公司感谢你25年来的努力工作。员工拿着这张名片,可以与认识他的每一个朋友分享这一荣誉。

用这种荣誉来奖励优秀员工,有时比物质奖励的作用更大。因为荣誉在员工的心目中,激起的感情波澜是巨大无比的。

IBM公司以颁发员工至高无上的荣誉为其奖励方式之一,员工也以能够成为IBM的一员为荣。《福布斯》的创始人柏地·福布斯就常提到,他对于值得夸奖的人绝不吝啬赞美之词,因为"一般人一夸奖,就算他没那么好,他也会因此尽力做好的。"所以《福布斯》的领导人总是对下属不吝赞扬。

因此,企业高层主管应该认识到,管理就是人际关系的总和,而良好的人际关系离不开彼此的有效协调。刚性的制度管理和柔性的亲情管理各有所

长,但良好的人际关系的协调必须以赢得对方的尊重为前提。

著名的马来西亚华商郭鹤年的管理经验,就是把严格标准与情感投资相结合,以法服人,以情感人,把家和万事兴的家训奉行于企业,在公司创造一种家庭式气氛,成员之间互相尊重。郭鹤年认为经营管理不能只靠制度,更重要的是靠人。只有公司上下有效协调,才能调动每个人的才能,发挥其最大潜能。

这一点并不难理解。尊重总是相互的,适当充分的尊重还能赢得彼此责任上的回报。如果高级主管因为责任而拥有对企业的一种使命感,他们必然会充满干劲。

美国心理学家马斯洛在《人类动机的理论》一书中,阐述了人类生存五大需求层次理论,其中第四层就是地位和受人尊敬的需要,这是人类维护人格的起码要求。人与人之间的相互协调,只有建立在彼此尊重的基础上,才能产生"你敬我一尺,我还你一丈"的良性循环。

作为高层主管,不能吝惜自己的语言,要真诚地赞美自己的高级主管,促使彼此有效沟通。每一个高级主管都希望得到来自高层主管的称赞,这种称赞实际上也是高层主管对高级主管工作成绩及其能力的一种承认。工作中,你会惊奇地发现,小小的关心和尊重会使你与高级主管的关系迥然不同。

适时、适度的鼓励,不仅可以使高级主管备受鼓舞,信心大增,还可使彼此关系更加和谐。因此,高层主管要经常在公众场所表扬佳绩者或赠送一些礼物给表现特佳者,以资鼓励。一点小投资,可换来更好的业绩,何乐而不为呢?

第二章
对骨干，建立良性的互动关系

给高级主管一个晋升的机会

　　厂区里有块空地，老板觉得空着可惜，便留作自己闲暇种草用。他从天南地北引来不同种类的草种，种在空地上，并且亲自耕耘，就像他当年种庄稼那样。

　　第一年，一丛丛一蓬蓬不同品种的草儿长起来了。有的叶儿纤长，有的叶儿短肥，有的杆儿亭亭玉立，有的杆儿匍匐在地，总之，给人的印象是乱七八糟，很不雅观。对此，员工们打心眼里瞧不起老板，认为此人欣赏能力低，老土一个。老板似乎感觉到什么，以后每逢闲暇之日，便召集手下大小头目，到草地上整理各种草儿，施肥浇水。大伙一同将那些生命力弱、枯黄衰败的草除掉了，留下那些生命力特别旺盛、出类拔萃的草，在草地繁衍生息。

　　第三年的早春，当田野里的野草刚刚绽芽，老板的草地已是芳草青绿，春意盎然了。大家这才明白，老板留下的是最优秀的草。就在这年春天，一个考察团来老板的企业学习，老板闭口不谈企业管理经营，却把考察团引到他的草地上，大谈起种草经验来，弄得人家十分困惑。老板说："我在这块空地上引进了不同种类的草，让草儿自由生长，不管它是名贵的还是普通的，适合这里土壤气候生长的就留下，否则就淘汰。我不光自己种，还让我的员工也来种。公司上下通过种草都明白了一个道理……"老板说到这儿卖起了关子，不说了。倒是考察团的团长接过话茬说："明白了，这个道理是，发现、留住、养好最优秀的草，

107

这与用好人才同理啊!"

一语道破天机,在场的员工顿时恍然大悟。打这以后,老板的草地一年比一年生机勃发,老板的事业也像他的草地那样,一年比一年兴旺起来。

人才是一个企业发展的最重要的因素。因此,身为企业的管理者,就必须发现、留住、养好优秀人才,这样企业才能快速发展,业绩才能快速提高。

对于企业来说,高层主管要懂得怎么去选用合适的助手,精心挑选并着力培养,才能选择到真正的优秀人才,并使他们的能力得以充分发挥。

高层主管的用人原则应该是客观、公平,有利于人才选择。比如海尔奉行的用人宗旨是:给所有人一个平等参与的机会,你有多大才干,企业就为你提供多大的舞台。海尔所有的员工包括高层管理人员在内都实行竞聘上岗。某岗位空缺,由公司人力资源开发中心公布招聘条件、工作目标和招聘程序,申请人可根据自己的能力、条件选择岗位。同一职位的各申请人之间展开公平竞争,以申请人以往的日常考核、工作业绩等指标为依据进行综合评估,相互比较优胜劣汰。优秀者优先上岗,竞聘落选但有培养前途的人才,进入海尔后备人才库,纳入日常考核范围。这样一套公正合理的竞争体制,保证了海尔人才队伍的整体素质,使优秀人才人尽其才,才尽其用,成为企业的核心和栋梁。

而在很多的企业中,正是由于高层主管用人不当,出现了组织机构臃肿、人浮于事的情形。英国的诺斯古德·帕金森在自己的《帕金森定律》一书中分析了其中的根本原因及后果。书中说不称职的组织管理者在选才用人方面可能会有三种情况:

(1) 申请退职,把位子让给能干的人;

(2) 让一位能干的人来协助自己工作;

(3) 任用两个水平比自己更低的人当助手。

第一种办法很少有人用,因为那无异于领导者自身的被取代;第二种办法也不可取,因为那个能干的人很可能会成为自己的对手,对自己造成威胁;于是很多领导人选择了第三条路,让两个平庸的助手来分担他的工作,他自己则高高在上发号施令,而不用担心副手会对他的权力构成威胁。两个副手上行下效,再为自己找两个更加无能的副手。依此类推,形成的领导体系自然效率低下。

因此，企业高层主管在面对选人和用人的问题时，应根据岗位的需要选拔合适的人，才能做到"人得其事，事得其人，人尽其才，事尽其功"。同时，还要善于发现"不拉马的士兵"。提到"不拉马的士兵"，还有一个管理界的经典寓言：

一位炮兵军官，到下属部队视察操练情况，却在几个部队中都发现了一个相同的情况。操练中，总有一名士兵自始至终站在大炮的炮管下面，纹丝不动，经询问才知是操练条例这样规定的。军官百思不得其解，回去后反复查阅军事文献，终于发现了个中缘由。长期以来，炮兵的操练条例仍因循非机械化时代的规则。在那个时代，大炮是由马车运载到前线的，站在炮管下的士兵的任务是负责拉住马的缰绳。现在大炮的自动化和机械化程度很高，早已不再需要这样一个角色了，但操练条例却没有随之及时调整，因此才出现了"不拉马的士兵"的怪现象。

高明的高层主管应及时站在整个企业的角度去审视整个组织人力资源的运作体系，判断其内部每个员工的岗位定位是否合适。仔细审查，发现"未尽其才者"，及时加以适度调整，做到人适其岗，完成人力资源的最优配置。

当今世界，成功者比比皆是。但仔细研究会发现，无论是哪行哪业的精英，他们之所以出类拔萃，是因为自身的优势获得了最大限度的发挥。庸碌者在对这些精英仰慕时应该明白：优势不是精英的专利，每个人都有天生的优势；而碌碌无为者之所以未能跻身精英之列，就在于未能认清自己的优势在哪里，盲目追随别人的足迹，不能适当地充分发挥自己本身的优势，失败也就在所难免。

这就提醒高层主管在用人时，一定要量才使用，"人适其岗"才能"人尽其才"。高级主管及员工的个人才能得以充分发挥，才能突出优势，弥补不足，打造一个成功高效的精英团队。

良好的组织总是以优秀的团队形式出现的，企业内部各部分之间的配合是企业提高业绩的关键。因此高层主管要任人唯贤，对高级主管着力培养，以实现彼此间的默契配合。

把高级主管当伙伴而不是对手

> 有嫉妒心的人，自己不能完成伟大的事业，乃尽量去低估他人的伟大，贬低他人的伟大，使之与他人相齐。
>
> ——黑格尔

高层主管与企业内部的一些高级主管、重要副手的关系是最难以把握的。因为他们同样位高权重，可能会威胁到高层主管的地位。但如果因此就把他们视为竞争对手，是十分愚蠢的，这样做也将影响自身的发展。

高层主管与高层管理人员同处一个团体中，彼此之间接触的机会最多，联系最多，了解最多。如能和谐相处，在工作中相互支持，密切配合，不仅彼此心情顺畅，而且更能够创造工作业绩；反之则会使得彼此关系紧张，心情不好，影响工作，弄不好还会造成两败俱伤。

那么，如何才能不把高级主管看成竞争对手，协调彼此关系共同进步呢？

（1）不要过于看重自己的得失。

和高级主管去抢功，其实是一种近乎愚蠢的行为。一个出色的高层主管应该是一个永远都能为下级着想，甚至帮助下级"出人头地"的人，这也是高层主管最大的成功之处。对于那些总爱宣扬自己如何能干的高层主管，可以认定他是一个心胸狭窄、眼光短浅的人。作为高层主管，应该学会用下属业绩的高低来进行自我评价。"下属有功我有功，下属无功我有过"。做到这一点，则是一个精明的"一把手"。

（2）关爱高级主管。

在实际领导工作中，对高级主管投入真情实感，把高级主管和员工当成企业的财富，给予他们精神和物质的双重关爱，才能形成高层主管对高级主管和员工的亲和力，增强员工对企业的认同感，树立团队精神，激发企业勤奋工作的精神，员工也才会融入企业之中，成为企业整体"机器"上的一个协调运行的"部件"。而这些工作恰恰是高层主管的职责所在。

（3）把高级主管放在第一位。

能不能形成高级主管和员工的合力，关键就看高层主管在工作中能否始终贯彻将高级主管和员工放在第一位的原则。最失败的管理方法是把员工当成临时使用的工具，不能给予充分尊重；只求按"规矩"办事，忽视了下属的主观能动性。这些带有离心力的行为，必然会影响能打硬仗队伍的形成，必然会使企业在激烈的人力资源竞争中败北。

（4）关注高层管理人员的利益。

虽然企业或组织的利益始终应该是高层主管一切行为和决策的根本出发点，但任何时候都不能把高级主管的利益丢到脑后。有人曾做过一种形象的比喻。在整个企业的动态管理过程中，管理者好比在天平上跳舞。天平的一端是企业或组织的利益，另一端是员工的利益，管理就是在两者之间寻求一种平衡。一旦失衡，管理也就失败了。

（5）尊重高级主管。

高层主管对高级主管的尊重，就是对他们最好的奖赏。高层主管一定要破除等级观念，甘于放下架子，善于与高级主管打成一片，时时处处尊重和维护他们的人格尊严和个人权益。这种尊重其实也是对高级主管过去工作的肯定和今后工作的鼓励。开会讲话时注意措辞，少用"我"多用"我们"，就可以更好地体现出一种合作精神；如果高层主管每次决策前都多听听高级主管的意见，就可以激发他们参与的热情；如果交代任务时不那么面面俱到，而给高级主管创新的空间，就可以使他们在深感信任中发挥潜能。

尊重下级是高层主管必须具备的品格。国外很多企业家，把尊重下级当作是激励其智慧、同心同德搞好企业的一条宗旨，这一点很值得高层主管思考。很多高层主管一提到尊重，往往想到的是尊重上级，而忽略了对下级的尊重，这是很片面的。

那么，高层主管该如何尊重高级主管呢？一是要尊重高级主管的职权。一般情况下，属于高级主管职权范围内的事，高层主管不要随便插手干预，否则是对副手职权的一种侵犯。二是要尊重高级主管的意见，倾听他们的呼声。三是要尊重高级主管的人格。对待有缺点和错误的下属态度要正确，不能讽刺挖苦或粗暴地训斥，更不能不尊重其人格，而是要热情帮助，给他们改过的机会。

（6）支持高级主管的工作。

对待高级主管，高层主管还要多加支持。当他们犯错误时，应持一种保护态度，查明原因，秉公办理，成为他们的有力靠山和后盾，而不是一味呵斥责骂，要多鼓励少批评。很多时候，鼓励比批评更有效。

智慧分享

身为高层主管，应该是既聪明能干，又有协调能力和处世能力的人。过分看重自身得失实不可取。应该让胸怀更宽广一点，切忌妒贤嫉能。只有豁达大度，懂得为下属的成功喝彩的高层主管，才能被下属所拥戴。

第二章
对骨干，建立良性的互动关系

善于沟通才能有效管理

《圣经·旧约》上说，人类的祖先最初讲的是同一种语言。他们在底格里斯河和幼发拉底河之间，发现了一块异常肥沃的土地，于是就在那里定居下来，修起城池，建造起了繁华的巴比伦城。后来，他们的日子越过越好，人们为自己的业绩感到骄傲，他们决定在巴比伦修一座通天的高塔，来传颂自己的赫赫威名，并作为集合全天下弟兄的标记。因为大家语言相通，同心协力，阶梯式的通天塔修建得非常顺利，很快就高耸入云。

上帝耶和华得知此事后，立即从天国下凡来视察。上帝一看，又惊又怒，因为上帝是不允许凡人达到自己的高度的。他看到人们这样统一强大，心想人们讲同样的语言，就能建起这样的巨塔，日后还有什么办不成的事情呢？于是，上帝决定让人世间的语言发生混乱，使人们互相言语不通。人们各自讲不同的语言，感情无法交流，思想很难统一，难免会出现互相猜疑，各执己见，争吵斗殴。这就是人类之间误解的开始。

修造工程因语言纷争而停止，人类的力量消失了，通天塔终于半途而废。

一个团队如果缺少沟通，就不能发挥团队绩效。从某种程度上说，高层主管与下属的工作沟通能力有多强，企业的"通天塔"也就能建多高。

高层主管
工作笔记

韦尔奇在GE公司曾任董事长兼CEO。在GE公司，有这样一句话：韦尔奇无处不在。之所以这样说，是因为这位掌管着数百亿美元资产的CEO，却能够与五十多个国家的十几万名员工进行直接面对面的沟通。

GE公司的员工能够与韦尔奇进行没有任何阻隔的交流。GE的员工会随时收到GE公司的E-mail，每个GE员工都曾为收到有韦尔奇签名的E-mail而惊喜，但又会感到很自然。因为，韦尔奇会经常把他对公司的看法直接告诉员工。他希望这样的方式能够表达自己的乐观与自信，并且以此表达他对员工的鼓励。

在没有E-mail的年代，对海外员工，韦尔奇的便条式管理是通过传真实现的。

有一次，GE公司的一位经理一连几周坐立不安，因为他即将向韦尔奇这位60岁的、以严厉著称的董事长汇报工作。这位经理对韦尔奇承认说："我很紧张。我的妻子曾对我说，如果我的报告不能通过，她将把我赶出家门。"这天下午，当韦尔奇坐上公司的专机准备离开时，他让人将一打玫瑰和一瓶DomPerignon牌的香槟酒以及他那出了名的手写便条送给那位经理的妻子。便条上写道："你的丈夫今天表现得非常出色。我很抱歉几周来让他和您备受煎熬。"

在GE公司，经理挂在嘴边的一句话就是："你告诉我，我怎样才能帮助你。"也许，只有这样，创造的动力才会源源不断地迸发出来。

2001年，成功登上《福布斯》杂志财富榜的沃尔玛公司创始人山姆认为，如果把沃尔玛的管理制度浓缩为一个词，那就是沟通。对一家大公司来说，沟通的时间再多都是应该的。如果缺少沟通的时间，那么上下级之间的交流渠道就被无意之中阻塞了。由此信息不通畅将导致决策失误或是不完全符合时机。因此，沟通的重要性怎么强调都不算过分。沃尔玛公司的管理有以下十大沟通原则：

（1）以全部的热忱投入工作，比其他任何人都更富有工作的激情。

（2）让所有下属分享你的利润，把他们当成你的伙伴。在所有人的精诚合作下，你们所取得的业绩肯定会不同凡响。

（3）激励你的伙伴们。物质的激励当然重要，但有时候情感的激励会达到意想不到的效果。

（4）和你的下属们交流任何可能交流的事情。他们知道得越多，理解得也会越深刻。

（5）赞赏并奖励你的下属为公司所做的一切，物质的和精神的奖赏都可以换来一定的忠诚度。

（6）庆祝成功并与他们共享成功的喜悦，使自己完全融入其中，打破管理者的身份，与他们成为朋友。

（7）认真倾听每一个人的谈话，并千方百计地找到让他们开口谈话的办法，让他们畅谈心中所想。

（8）超出顾客与下级员工的预期。

（9）比竞争对手更好地控制好不必要的支出。这也是一种竞争优势，但对下属的奖励却不要流于吝啬。

（10）力争上游，走不同的路，忽视一切陈规陋习和过时的智慧。随时保持一种积极向上的精神状态，激励自己的员工。带头作用不容忽视。

在管理当中，所有能够激发人们积极性的努力都是重要的，沟通乃是"重中之重"。

高层主管与高层管理人员的沟通方式有许多种，跟不同下属沟通时应灵活运用。

（1）贵族式。

这类人物的典型特征是有话就直说，敢于说出别人只在心里想的东西。他们认为有所保留就是不诚实，每个人都应该怎么想就怎么说。

贵族式人物与人交谈的目的是解决问题，但总是忘记在交谈之初首先建立良好关系，以有利于交谈结果向好的方向发展。

贵族式人物与人交流只关心结果。他们喜欢直奔主题，不靠细节来抓主题，更不为细节而伤脑筋。

贵族式人物说话观点明确、黑白分明，绝不含混不清或模棱两可。他们遇事反应迅速，但对同一问题只给出两种答案。

（2）哲学家式。

这类人物说话说服力强，喜欢讨论、争辩和谈判。他们善于统览全局，并善于从暗淡形势中找出一条光明大道。他们喜欢在交流时用一连串问题把对方引导至符合逻辑的结论。这些特点对工作，尤其对化解冲突大有好处。但惯于教训人的不足却会在一定程度上影响他们这种能力的发挥。

哲学家人物说话爱用注解。说完一件事之后，用有关信息对这个话题加以注解，再回到主题，再转到注解，就这样转来转去。不习惯这种交流方式的人往往如听天书，晕头转向。

（3）内省式。

这一类人在交流中尤其重视人际关系。在他们看来，没有什么比人与人之间的关系更为重要。相对于此，准确传递信息、阐述观点，以及实际交流成果都相对次要。内省式人物总能想他人所想，为避免冲突，更能委曲求全。

内省式人物不愿意以强硬的态度发表观点，但却会向人敞开心扉，与别人分享自己内心深处的喜怒哀乐，或倾听别人的真情实感。这使得人们愿意向这类人物诉说自己的难题。内省式人物开放的交流方式，无疑是一种有用的管理才能。

（4）长官式。

这类人认为，交流的主要目的就是诚实地交换意见和信息、分析细节。这是一种典型的领导者的性格。长官式人物就像潜在的独裁者，很容易成为启迪人的领袖。

这类人感情强烈，常常盛气凌人。如果认为你能够承受，他会直截了当地表达自己的看法。否则，他会用缓和的方式指出你的错误。

长官式人物既关心结果，也关心细节。他无需别人帮助就能得到完美的结果。但这一特点也使得别人会把这种独立解决问题的能力，看成是他自命不凡的依据。长官式人物在公开场合能言善辩，但在人际交往中却一筹莫展。他长于雄辩，能鼓舞成千上万人移山倒海，但在一时一刻，却可能败走麦城。

（5）候选人式。

他们与人交谈很有耐心，相信交谈可以解决问题。他们谈话热情、随和，善于分析，但却难免啰嗦。这类人物希望通过敞开心扉，缩短与对方感情上的距离，与之建立畅达的人际关系。

候选人式人物健谈，而不傲慢，因而与哲学家式或长官式人物比起来，更易于为人接受。在敌意增强时，候选人式人物也会和内省式人物一样躲到一边。但又会和哲学家式人物一样，多次去尝试说服别人。他们的论点或证据明显围绕自己或朋友的亲身经历。

（6）议员式。

这类人能够有意识地控制环境，把交流看作是获取成功的策略。他们善于在说话前审时度势，研究说话对象，从而选择出最有效的交流方式。

议员式人物像内省式人物一样善于倾听，又像贵族式人物一样说话直接，使人觉得他们像内省式人物一样不会构成威胁，因而向他吐露实情。而一旦掌握足够的情报，他就会发起进攻。议员式人物善于隐藏自己的真实想法，并利用这一特点破坏自己不赞成的计划以达到报复的目的。

决策时，来自四面八方的"闲言碎语"可能是善意的。但善意的却未必是正确的。一个合格的高层主管必须培养出敏锐的识别才能，保持自己清醒的判断力，并及时、透彻地看清事物，把握其实质。

身为高层主管，要能善用任何沟通的机会，甚至创造出更多的沟通途径，与下属充分交流。唯有高层主管从自身做起，秉持对话的精神，才能凝聚团队共识。团队有共识，才能团结一心，也才能取得更高绩效。

八项原则处理同级关系

  大多数企业仍沿用19世纪的结构模式，一成不变，等级森严。要想在21世纪蓬勃发展，企业必须建造灵活的、以人为中心的"融合网"。
              ——罗伯特·戈伊苏埃塔

  每个公司中，都有许多等级相近或相同的管理者。这些管理者该如何相处呢？美国著名管理学家杰弗森说："管理者相互之间的共同合作是保证公司成功的一种基础。"为此我们提出了以下几条原则。
  （1）互相补台，积极配合。
  高层主管与其他高层管理人员应当积极主动地配合，齐心协力地工作，以求得最佳的整体效应。所谓互相补台、积极配合，就是既要有合作精神，又要有补台意识。这是对同级管理者"行为"方面的要求，也是处理同级关系的又一条重要原则。众所周知，在现代社会中，任何一个部门及其管理者，都需要与其他部门和管理者配合。那种"鸡犬之声相闻，老死不相往来"的"小国寡民"的思想和那种"各人自扫门前雪，哪管他人瓦上霜"的旧有的做法，既不符合时代的要求，在实际工作中也是行不通的。在这里，同级管理者应当正确把握"集体利益"与"个人政绩"之间的关系。唯有处理好了这个关系，才能真正做到积极配合和互相补台。在积极配合的同时，还应强化补台意识，采取行之有效的补台措施。当同级有困难时，应当热情地帮一把；当同级有问题时，应当尽力地挽救一下；当高层管理人员出了差错时，应当主动地弥补一下。而不要视而不见、见而不帮、帮而不力,更不能抱着看"笑话"的态度来"欣赏"同级的困难、问题和差错。

(2)见贤思齐,强者为师。

处理同级关系,不仅要有"容人之短"的肚量,而且要有"容人之长"的胸怀。所谓见贤思齐,强者为师,就是主动地向贤者看齐,虚心地拜强者为师。这既是对高层主管"气度"方面的要求,也是高层主管处理同级关系的重要原则。同级管理者处在同一起跑线上,潜存着"竞争"的因素。毋庸讳言,处于同一层次的管理者之间,由于资历、阅历和受教育程度等方面的不同,使其无论是在能力、水平还是气质、修养方面,都存在着一定的差异。对此,切忌以己之长比人之短,拿己之优比人之劣;更不能忌贤妒能,采取不正当的方式和手段"挤"别人,来个"我不行你也别行""我不强你也别强"。见贤思齐既有利于自身的提高,又有利于处理好同级之间的关系;而忌贤妒能则既不利自己的提高,又有损于同级之间的关系,甚至还会损害自己的威信。

(3)宽容别人。

在领导关系中,高层主管的宽容水平越高,就越能与人搞好关系。而高层主管心胸狭窄,处处不容人,就不会有更多的朋友,也就当不好管理者。宽容别人偶尔的过失,是必备的素质。

作为一个高层主管要有宽广的胸怀和气量,对于别人的缺点和短处应该持包容和宽谅的态度,并想办法用自己的长处去弥补。当然,容忍和宽谅并非是无原则的迁就,而是要在相互交往中互相宽容。

(4)支持和帮助。

一个能够在事业、生活等各个方面相互支持的领导集团,才是一个有力量的战斗集体。管理者之间在工作、生活、学习中相互支持和帮助,是圆满完成工作任务的前提。管理者之间的相互支持,往往体现在具体工作和生活中。例如,当某一高级领导同他人有矛盾的时候,你不是袖手旁观、置之不理,而是主动地帮助调和、解决矛盾,这就是一种支持;当某个高级领导在工作中遇到困难、阻力的时候,你主动地帮助排忧解难,在人、财、物等方面给予帮助,这就是支持;当大家对某一问题发表意见、看法,而真理又在少数人一方的时候,你能够顶住多数人的压力,站在少数人一方,这也是支持。支持体现在工作、生活、学习中的每一个环节。支持可以通过各种形式表现出来,对有成绩的管理者进行表扬,对正确的意见、看法表示赞成,对不正确的观点或做法提出诚恳的、善意的批评等。

（5）学会自制。

高层主管之间在交往过程中，往往因为在某些事情上意见、态度、看法不一致而发生分歧，甚至会出现争吵、发脾气的现象。在这种情况下，学会控制自己，增强自己的自制力是十分重要的。因为每个人都有自己的个性，喜怒哀乐也是人之常情。如果双方在对某一问题交换自己的意见、看法的过程中，不考虑对方的性格，不能很好地控制自己的情绪，就会言辞激烈，伤害对方的感情。一个人经常发怒是很难与人相处的。在相互交往过程中有些事情是很令人生气并引起人发怒的，例如一些明知故犯的错误、一些不合理的要求、一些背后的"小动作"和造谣中伤等。遇到这种情况，切不可感情用事而是要理智，要认识到，尽管都是管理者，但每个人的思想觉悟、修养、水平是不一样的。每个人都有自己的短处，你自身也可能有做的不对的地方。

在双方意见不统一，容易产生争论的情况下，管理者首先要想到，自己的激烈言辞和发脾气会给对方带来什么影响？发怒是否会有助于解决问题？发怒会造成什么后果？自己有哪些做的不对的地方？等等。如果能想到这些，就会使自己的情绪冷静下来，从而减少争吵和伤害感情的机会。

（6）以诚相待。

一个管理者在与他人交往的过程中若能以诚相待，对方就能以礼相还。"投之以李，报之以桃"乃是人之常情。但要真正做到时时处处真诚待人，是相当困难的。有时你的真诚会被别人误解，甚至遭到别人的冷遇。也许有人还会把你的真诚看作是"刘备摔孩子，收买人心"。这些都会给你带来心灵与感情上的痛苦。所以，真诚往往需要时间与实践的检验。真诚不仅体现在工作上的支持与帮助，而且更体现在生活上的关怀。一个管理者如何知人并让人知己，除了工作上的了解外，更重要的是工作以外的了解。因为生活中的"管理者"才是真正的"自我"。管理者之间通过"非正式的关系"进行交往，相互了解各自的脾气、秉性、爱好、家庭生活，倾诉内心的忧虑和困扰，获得对方的理解和同情，则会增进相互间的真正了解与友谊，为真诚奠定感情基础。总之，无论在工作上还是在生活中，都采取诚实的原则，管理者之间就会减少猜疑，减少矛盾，减少工作中的困难和阻力。"精诚所至，金石为开"用在管理者之间的相互关系上，是十分恰当的。

（7）相互信任。

信任别人和被别人信任，这是一个高层主管高贵品质的表现，也是当好高层主管的前提。相互信任、互不猜疑是处理好同级管理者之间相互关系的一个重要原则。信任，一方面自己要言必行、行必果，给对方以信用感；另一方面则要相信对方，遇事不要胡乱猜疑，更不要依据自己的臆想来推测对方如何如何。管理者之间的相互信任，可以减少许多因猜疑所浪费的时间和精力。信任是在相互间的交往中产生的。一个人只有自己行得端、立得直，才能有值得别人信任的地方。同时，信任别人，还要正确地看待别人对自己的忠言和直言，千万不要把这些话当作别人对你不信任的信息加以"反馈"。正是因为别人信任你，才敢于同你讲真话，敢于同你倾诉肺腑之言。

　　高层主管不应该一味弄权专断，无限夸大自我形象和权力，而应该调整自己的思想和心态，协调各方，成为统筹各方的中枢，只有这样才会增强领导团队的向心力和战斗力，以及促进整体工作的顺利开展。

第三章
对下属,构建差异化的从属关系

对高层主管来说,管理之道在于抓"人心"。也就是恩威并施,最大限度地挖掘下属潜力、调动下属的工作积极性,同时与不同的下属建立和谐的人际关系。美国著名的人际关系战略专家考克尔有一句经典名言:人际关系是潜在的黄金。企业管理者只有与下属建立和谐的工作关系,才能具有良好的感召力,赢得众人的支持。

第三章
对下属，构建差异化的从属关系

把握强硬与温情的尺度

从前，一群青蛙决定请求众神之王朱庇特给它们派一个国王。

"给你们，"朱庇特说着就把一根原木扑通一声扔到青蛙们住的湖里，"这就是你们的国王。"

青蛙们吓得潜入水中，尽可能往泥里钻。过了一会儿，一只比较胆大的青蛙小心翼翼地游到水面上，看看新国王。

"他好像很安静，"这只青蛙说，"他也许睡着了。"

木头在平静的湖面上一动不动，更多的青蛙一个又一个浮上来看。它们越游越近，最后跳到木头上面去，完全把它们刚才害怕的情况忘记了。小青蛙把木头当跳水板，老青蛙蹲在木头上晒太阳，母青蛙在树皮上教蝌蚪基本摇摆式的跳跃运动。

有一天，一只老青蛙说："这个国王很迟钝，不是吗？我想，我们要一个能使我们守秩序的人当国王。这个国王只知躺在那儿，让我们随便活动。"

于是青蛙们再次到朱庇特那儿去。

"难道您不能给我们一个好一点的国王吗？"它们问，"派一个比上次更有活动能力的人去吧。"

好吧，朱庇特想道，"这一回我把他们应得的东西给他们。"

朱庇特派了一只长腿鹳到湖里去。

鹳给青蛙们留下了深刻印象，它们带着钦佩的神情挤在周围。不过

123

他们还没有准备好欢迎词，鹳就把长嘴伸进水里吞食它看得见的青蛙。

"这根本不是我们原来的意思。"青蛙们喘着气又潜入水中，钻到泥里去了。但这一回朱庇特不听它们的话了。

"我给你们的就是你们要求的。"朱庇特说，"这也许可以告诫你们，不要多抱怨。"

企业中，高层主管和下属之间也有寓言中的问题存在。和下属关系太近结果失去了威严，但如果高层主管过于威严，又会使员工产生疏离感。那么如何把握与下属相处的度呢？

（1）要记住赞扬是必要而且有效的。哪怕是下属只是有了一点小小的进步，也不要忘记对他表示你的赞扬和认可。

（2）要成为言出必行、言而有信的高层主管，这样的高层主管更容易产生威慑力。制订的规章制度，一经成文并得到下属的认可就应产生效力。无论是谁，都该按制度办事。当然，你自己应当首先遵守。

（3）赞扬要简短，不要说起来不停，那样就会失去赞扬的应有作用。

（4）某些自己可以做的事情就尽量自己去完成，不要总是麻烦你的下属。

（5）地位和交流同等重要，整天板着面孔并不能增加你的领导魅力。

（6）给下属以惊喜。你可以在大家都想不到的时候请大家吃顿饭，为某个下属开个生日聚会，甚至以私人身份突然敲开某下属的家门。但注意这些行动不要过多过滥，否则下属会以为你这是在刻意收买人心。

（7）不要以为自己是全知全能的，你可以从下属身上学到很多东西。

（8）工作之余，下属们难免会聊上几句，谈论一会儿大家关心的问题，你也可以参加。但不要忘记你是高层主管，这样的"小型座谈会"应该由你首先决定在恰当的时候结束。

（9）不要因为两次类似的失误而完全否定个别下属的能力。大家都有过犯错误的经历，而且相同的错误并非不会再犯第二次。时机允许的情况下，你可以把任务交给他一个人去完成，这样他会更加谨慎小心地完成这项他认为来之不易的工作。

你交给下属去完成的工作非常多，你也不可能有精力一一过问，所以其完成的结果往往并不能与你预想的相一致。遇到这种情况，不要只是一味地对下属大加责难。只要事情有所成而没有搞砸，那么你就有必要进行赞赏。

第三章
对下属，构建差异化的从属关系

基恩是美国新泽西州的一家证券公司的经理。他虽很年轻，但他的经营业绩却比许多在证券业发展多年的人还要好。而且他的下属们也个个精明强干，都能很好地完成自己的业务。基恩的工作就是统筹调配，搞好整个公司的宏观把握。许多公司都想从他的身边挖走他的助手，但没有人成功过。他们好像粘在一起似的，是一个具有极强凝聚力的团体。

那么，是不是他和他的助手们都比别的从事证券业的人更有能力呢？从基恩自己的叙述中我们即可尽知详情。

"许多人都以为我们的公司职员个个都非常出色，其实这犯了一个大错误。在很多时候，这些愣头愣脑的家伙都把我交给他们的工作弄得一团糟，搞得客户对他们甚为不满，我就得放下手中的活计为他们填补这个漏洞。有时我就想，我这是干什么呢，简直是费力不讨好，我甚至想解雇他们，但最终我忍住了自己的脾气。"

"不要以为我会因此饶恕他们，我会狠狠地批评他们一顿，甚至把他们说得一无是处。但是我仍旧会把工作交给他们去做，而且对象仍是他们所得罪的老客户。自己惹下的祸事得由自己亲自来搞定，否则就可以退出，我不会阻拦的。我会在自己认为恰当的时候把我的夸奖毫不吝惜地分给他们。至于物质奖励，我也擅长。我让他们自己选择应该获得物质奖励的人，而他们的选举结果也往往与我的想象大致合拍。"

"我不以为自己做得很出色，应该说我也许付出了比别人更多的努力。我相信一分辛劳，一分收获的古训，而我的下属们也非常赞同这个观点。"

该强硬的时候必须强硬，该温情的时候也必须温情。下属的潜能究竟有多少，有时连他自己也弄不清。而能够使其尽情发挥的原动力就是你的工作方法（正确而有效的方法）。使其感到尊严的存在却又承认你的领导地位，同时让他明白工作不单是为他个人，也是为了整个集体，这样就能使下属更好地努力工作。

如果有一天你一觉醒来，觉得自己的情绪非常糟，连你平常很爱护的妻子和孩子都看不顺眼，总想和他们发一顿脾气，那么你一定要不停地提醒自己，切莫发火。如果有可能，你可以找自己最亲近的人倾诉一番，或者找个机会把心头郁积的火气发泄一下（比如在一个空旷无人的地方大喊大叫一番）。千万别带着这种郁闷烦躁的情绪去工作，否则你的下属将会遭殃，他们也会因此而丧失对你的信心。因为你连起码的自控能力都没有，就更不用说成为优秀的管理者了。

精神烦躁、心绪不宁甚至坐立不安是繁重劳动的负效应，这是很正常的。你不要因此而以为自己是成就不了大事业的人。遇到这种情形，最重要的是你要先设法使自己平静下来，而后才能考虑其他事情。作为一个成功的管理者，不能靠情绪统驭你的下属，而要依靠你的头脑、智慧及你的分析能力。

下属们所怕的不是你狠狠地责备他们，而是不给他们以表现自己的机会。所以，对于下属，责备、批评和承认、赞赏同等重要。责备和批评能够激发下属改进的热情，而承认和赞赏则恰恰能激发下属创新和进取的欲望。古代有许多杰出的军事家和领导人物，一方面他们有着卓越的指挥作战才能，另一方面也有着高超的统驭下属的能力。这些下属肯为他们做一切可以做的事情，甚至牺牲自己的生命。关键是他们能够融情于理、于法，法情并重，情理并重。

高层主管应该认识到，在公司的初创期和发展期，领导对与下属关系的把握应该是不同的。早期，高层主管应该更多地表现温情。因为高层主管此时的作用是凝聚团队力量以求快速发展。而在中后期，高层主管就应该表现出强硬的一面，因为此时的任务更多集中于掌舵了。

对症下药变反对者为支持者

摆脱个人好恶,大胆起用与自己非常不同的人,这样的人也许正是公司所需要的。

——约瑟夫·威尔逊

在企业中,每位高层主管都会遇到自己的反对者。在这一事实面前,不同高层主管采取的方法、所持态度不同,结果也大不相同。只有最高明的高层主管才能灵活处理,甚至把反对者变成自己的支持者。

在公司中,总会有人的看法与管理者不同。在对抗气氛浓厚时,会导致公开争执。在这种时刻,只有应付好"批评",管理者才能获得别人的赞同和赞美。

那么高层主管怎样处理反对意见呢?

(1)感受法。

如何有效地处理反对意见?曾有一位企业高层主管以擅长运用"先处理心情,再处理事情"的法则而声名大噪,成为商界楷模。

"先处理对方的心情",这种手法就叫做感受法。你可以向对方说"我能够明白您的立场",或者说"我可以了解您的感受"。你这样对对方的观点表示心领神会,他就会产生好像疑惑将逝之感。如此,你就能在反对意见尽消的情况下,轻而易举地说动对方了。

例:"汪主任,我能够体会您现在的感受。然而,这已经是最好的解决方

法了……"

"我一点也不奇怪您有这样的想法,因为我开始也是这种感受,但后来我又仔细研究了一下,发现……"

(2)不理会法。

你发觉对方提出的反对意见是假问题,且与正进行商谈的主题无关时,你可以运用不理会法,直接轻描淡写地带过,不必处理,立刻进行主题的叙述。

例:"赵经理,你担心的这种情况从未发生过,我们还是把注意力集中在……"

有一点要特别注意的是,要是对方再度重提老问题,就不可再等闲视之了。

(3)询问法。

当对方反对意见不明确时,你可以运用反问法澄清和确认问题的内容,再进一步讲解。这个方法可以让反对者将他的见解、看法说得更具体、更详尽、更真实。

例:"慎重考虑是绝对必要的!你一向是稳扎稳打的,这种事当然不能随意作出决定。那究竟你所考虑的是哪一部分?是设计本身呢?还是工作的时间表呢?""李经理,能不能请教一下,你为什么觉得这个计划太复杂?"运用询问法,对方答复你的问题后,主控权就被你夺回了。不要忘了,赶快将话题引导到主题诉求上来。

(4)反弹法。

利用对方的反对理由,作为说明的理由,这是处理对方反对意见常用的和最具效果的方法。反弹法又称为"将计就计法"。

运用反弹法贵在借力使力,把攻守形势扭转过来。在陈述说理时,应当避免讥评反驳,而须以婉转缓和之语态来表达,才不至于弄巧成拙,丧失良机。

将对方的反对意见转化为赞同需求,使之成为有利的说服理由,其步骤为:

①先赞美认同对方;

②引导出反对意见的不合事实之点;

③灵活运用说服策略。

尽管反对者和他们的反对意见可能让人觉得不舒服，但决不应意气用事，打压反对者。高明的做法是保护反对者，正视反对者，最后化消极因素为积极因素取得他们的支持。

这是一个正直、成熟的高层主管的基本素质，也是取得下属的拥护和爱戴的重要一条。反对者最担心也最痛恨的是管理者挟嫌报复、处事不公。高层主管必须懂得和了解反对者这一心理，对拥护和反对自己的人要一视同仁，切不可因亲而赏，因疏而罚。只有这样，才能使反对者消除积虑和成见，与你走到一条道上来。

企业中，人与人之间的矛盾和碰撞是不可避免的，但这种矛盾和碰撞又并非不可解决的。对于企业高层主管来说，只要有宽广的心胸、理性的态度，就能与反对者找到共同点，从而化敌为友。

让下属成为你的朋友

  人才无疑是企业最重要的一种资产，尤其在社会变化越来越快，不确定因素越来越多的今天，更是如此。

——莱昂纳多·贝利

  把下属当成工作机器的高层主管，很难获得下属的支持，其成就也必定有限。优秀的高层主管会和下属交朋友，平时与他们多沟通，这样工作时他们也必将获得下属毫无保留的支持。

  一般管理者似乎都很容易把注意力集中于与上司相处的技巧上，对于那些职位比自己低微的下属，如信差、接待员等，肆意责骂，则把自己心中的闷气全然发泄在对方的身上，动辄表现出不耐烦的表情，发号施令，根本没有考虑到对方的感受。上述种种，你是否也曾有过？抑或你曾身受其害，很清楚被人随意指使，无理取闹的委屈？一个在办公室里旗开得胜、威风八面的管理者，他的心中不会存着等级观念。他懂得人人平等的道理，就算自己的职位比别人高，也不敢恣意妄为。须知风水轮流转，尊重别人，是自重的第一步。

  无疑，你的下属有责任帮助你完成工作，事无大小，你都可以交给他处理。但如果你能将一些较烦琐而困难的工作，独自完成妥当，让下属有更充裕的时间做好其分内的事务，对方必然感激不尽，对你更忠心。管理者与下属唯有以互助互谅为基础，合作无间，工作才会变得轻松而富有意义。

第三章
对下属，构建差异化的从属关系

管理者视下属如知己良友，而不是自己的奴仆，虚心征询对方的意见，接受他的批评，力求消除彼此心中的隔阂，如此对方做起事来，必然格外出力。

由于地位不同，下属对你会有不同看法。有人觉得你有架子，不易接近，也有人会以异样的眼光看你，认为你必然与他们对立。而身为高层主管，你一定要与他们打成一片，减少隔膜，例如参加他们的聚会，甚至任由他们主动搞集会，显示你的随和。

另一方面，在办公室里，管理者除了待下属和蔼、不摆架子、保持笑容外，你必须保持一定的形象，就是公正而有尊严。将不同的任务委派适合的人去负责，交下任务后最好不再过问。除非预见到有大问题，否则还要留待见到成果后再"评判"。这样做，表示你是尊重下属的。

作为管理者应该主动助人，别让"地位悬殊"这一套占据着你的脑袋，心灵沟通压根儿是没有阶层界限的。偶尔跟他们一块儿吃午饭，听听他们的话题，多了解他们的性格、对公司的看法和对各高级职员的印象。由于他们每天均有机会接触所有同事，自然对他们的认识较全面，这些不正是管理者所需要的吗？

而要想与下属交朋友，获得他们的拥戴，首先高层主管的言行必须平民化，待人随和、亲切。不要耀武扬威、故示尊严，使人觉得高不可攀，仿佛一尊威严的塑像。但却不能使别人产生敬畏，这样的高层主管不可能有融洽的人际关系，自己的生活也会孤寂而没有生气。

其实，作为高层主管，在一般的场合中，不必要求那么大的威严。如果把自己看作一个普通人，既不会遭受不必要的心理失落，同时也更能赢得他人的真心拥戴。

领导者要统御下属，除了规章制度的限制之外，就是要紧紧抓住下属的心，让他们尊重你，佩服你。而要做到这一点，关键是要让下属感到你就在他们的身边，时时刻刻与他们的心在一起。

一些高层主管在下属之中口碑很好，其主要原因就是能与下属打成一片，与他们平等相处。日本本田在汽车业中排名第三，在国外市场上是后起之秀，直追丰田。公司前总经理本田宗一郎就是一位与下属平等相处的好领导。他不摆架子，经常穿着工作服在工厂食堂里吃饭。他作风平易近人，与下属没有隔阂，大家都礼貌地尊称他为"老爹"。正是高层主管的这一作风影响着全公司员工的士气。他有33400多名员工，每年创造52亿多美元的收入。据统计，在全世界的摩托车中，四辆中就有一辆是本田产的。公司的业绩来自所有员工的努力，但高层主管的功劳则是不可磨灭的。

前人的经验说明，要征服自己的下属就应该与他们同呼吸、共命运。

在困难的时刻，高层主管也跟下属们一起吃苦，这样，上下级关系一下就拉近了。下级感到领导是那么的亲近，而领导则会更深一步体察到下边的难处。其实，在多数下属看来，工资待遇这些都不是最重要的，关键是领导能够关心他们、理解他们。与下属一同吃苦，这便是最好的理解，"此时无声胜有声"。

与下属同苦，还应共甘，切不可"兔死狗烹，过河拆桥"。成功是大家共同努力的结果，有高层主管的一半也有下属的一半。高层主管最好与下属共同分享成果。而有的高层主管偏偏私心太重，在困难的时候对下属真是百般拉拢，但一旦情况变了，高层主管也变了。他把大部分的利益都归入自己名下，而留给下属一丁点儿。这样下去，在你重陷困境的时候，下属就不会与你一同渡过难关了。

作为管理者的你，在对待下属的时候，不要以为他们是下属就低你一等，你就可以随便批评他们。他们也有自尊，也要面子。你不妨多用一点建议代替批评，他们会觉得你这个高层主管平易近人，因此自然也会对你尊重起来。

在有些场合，出于工作需要，高层主管确实可以强调自己的身份地位。但是作为高层主管，千万不能因为自己拥有一人之下万人之上的权力就觉得处处高人一等，时时以严肃的面孔出现，给人以居高临下的感觉。因为这样的话，下属就会认为你面目可憎，你也就难以与下属建立融洽关系。

第三章
对下属，构建差异化的从属关系

让下属感受到你的信任

不怀疑和信任是公司的成功之源。

——道格拉斯·麦格雷戈

高层主管对下属的充分信赖，理应贯穿于整个用人过程的始终。然而，"万丈高楼平地起"，牢不可破的信赖关系，并非一蹴而就，而是在天长日久的用人活动中，通过无数次用人战术行为，逐步积累形成的。对于绝大多数管理者来说，如何在每一次用人战术行为中，都能使下属感受到上司对他的完全信赖，从而义无反顾地全力投身于工作中去，仍是有待解决的棘手问题。因此，从这个意义上说，我们应将充分信赖原则，视为一条十分重要的用人战术原则。

顾名思义，所谓充分信赖原则，就是指在用人行为中，高层主管应以"用人不疑、疑人不用"的精神，对下属予以充分信任，以此来激发下属的积极性和创造性，从而达到努力获取最大人才效益的目的。

在管理实践中，高层主管几乎每日每时都要接触下属，经常不断地向下属布置各种大大小小的工作。这既给管理者提供了熟悉了解下属的理想场所，又给高层主管提供了运用各种方式，巧妙地向下属表示信赖的绝好机会。如何充分利用这些天赐良机，进一步密切上下级之间的关系，尽力提高自己的凝聚力和感召力，就成为值得每个精明的高层主管认真考虑的重要问题。

1926年，松下电器公司首先在金泽市设立了营业所。金泽这个地方，松下从没去过。但是经过多方面的考虑，他觉得无论如何必须在金泽成立一个营业所。这时候发生了一个问题，就是到底应该派谁主持？谁最合适？有能力去主持这个新营业所的高级主管，为数不少。但是，这些老资格的人却必须留在总公司工作。这些人如果有人离开总公司，那么总公司的业务势必受到影响。所以，这些人不能派往金泽。于是，问题便是现在应该怎么办？

这时候，松下忽然想起一个年轻业务员，这个人的年纪刚满20岁。如果说年轻这一点是问题，不错，的确是个问题。但是，他认为不可能因为年轻就做不好。

于是，松下决定派这个年轻的业务员担任金泽营业所的负责人。松下把他找来，对他说："这次公司决定，在金泽设立一个营业所，我希望你去主持。现在你就立刻去金泽，找个适当的地方，租下房子，设立一个营业所。我先准备了一些资金，你拿去进行这项工作好了。"

听了松下这番话，这个年轻的业务员大吃一惊。他惊讶地说："这么重要的职务，我恐怕不能胜任。我进入公司还不到两年，等于只是个新进的小职员。年纪才20出头，也没有什么经验……"他脸上的表情好像有些不安。进入公司才迈入第二年的一个小职员突然奉命去金泽设立一个营业所，也难怪他会感到困惑。

可是松下对他有信赖感。所以，他以几乎命令的口吻对他说：

"你没有做不到的事，你一定能够做到的。想想看在古代，像另藤清正、福岛正则这些武将，都在十几岁的时候就非常活跃了。他们都在年轻的时候就拥有自己的城堡，统率部下，治理领地老百姓。明治维新的志士们不都也是年轻人吗？他们在国家艰难的时候能挺身而出，建立了新的日本。你已经超过20岁了，不可能做不到。放心，你可以做到的。"松下说了很多这类鼓励的话。听完这些，这个年轻的职员便断然地说："我明白了，让我去做吧。承蒙您给我这个机会，实在光荣之至，我会好好地去干。"他脸上的神情和刚才判若两人，显出很感激的样子，所以松下也高兴地说："好，那就请你好好去做。"就这样，松下派遣他到金泽。

这个职员一到金泽，立即展开活动。他几乎每天都写信给松下。他在信中告诉松下，自己正在寻找可以做生意的房子，然后又写信说房子已经找到……像这样，把进展情形一一写信告诉松下。没多久，筹备工作就已经就绪了，于是松下又从大阪派去两三个职员，开设了营业所。

第三章
对下属，构建差异化的从属关系

在用人行为中，充分信赖下属，通常包含以下多层涵义。

①在建立上下级之间的互相信赖、互相帮助的融洽关系时，高层主管不应该等待下属信赖上司之后，自己再去信赖下属，而应该首先采取实际行动，以诚相待，主动向下属表示信赖。唯有这样，高层主管和下属之间才能建立起牢固的信赖关系。这是一条屡经验证的用人真理。

②在缺乏明显证据以前，高层主管不应该无端怀疑下属。应该相信下属的能力，相信下属的热情，相信下属的诚意，相信下属的好心，相信下属的苦衷，相信下属的困难……也许，在无数次的相信之中，高层主管可能有一两次"受骗"；也许，在获取信赖的果实之前，高层主管可能会付出一点小小的学费。然而，只要能和绝大多数下属编织起一张互相信赖的友谊之网，即使高层主管为此付出一点微不足道的代价，也是值得的。再说，凭借一整套行之有效的管理机器的控制，个别行骗者又能得到什么呢！

③及时向下属表示信赖，是确保用人行为取得成功的动力。当下属屡攻不克，处在再坚持一下就能夺取最后胜利的关键时刻；当下属因为工作中的失误，受到人们的指责、非议，处在进退维谷的困难时刻；当下属身遭不幸，求援无望，处于极端悲愤和苦恼的痛苦时刻……此时，下属最害怕的，就是失去高层主管（组织上）对他的信赖；最需要的，也是高层主管（组织上）对他的信赖。倘若高层主管果真能够及时向下属送去他最需要的东西——充分信赖，可想而知，这将对下属产生多么巨大的激励作用！

④信赖下属，当然不是盲目信赖，而是以平时对下属的认识和了解为基础。信赖的基点，就是尊重知识、尊重人才。下属的德才素质、一贯表现、工作实绩、群众反映、发展潜力……都可以作为获取高层主管信赖的"参照系"。但是唯有一条禁忌：不得以下属对自己的亲近程度作为是否信赖下属的依据。谁要是贸然犯忌，谁就会自食其果，受到客观规律的惩罚，在复杂的用人实践中栽跟头。

⑤内涵丰富的依赖原则，有时候也能用简洁的语言来表达。就某一具体的领导活动而言，充分信赖下属，就意味着高层主管在下属接受任务时，应该让他感觉到，高层主管好像在对他说："我相信你能出色完成任务"；当工作进展到一半，突然遇到困难时，这句话又变成："放心大胆干吧，出了问题有我顶着"；到了最后完成任务的喜庆时刻，高层主管还应该加一句："什么时候你再露一手？"

当然，上述意思，精明的高层主管有时并不通过"语言"来表达，而是通过"行为"来显示。因为"听"到的东西往往不如"感觉"到的东西来得深刻，能打动人心，至少在这种情况下是如此。

充分信赖下属，通常是通过上下级之间的感情传递和心理满足来实现的。要做到这一点，身处支配他人的主导地位的高层主管，就应该认真分析下属的心理活动，尽力满足下属的各种健康的心理要求。在正常情况下，绝大多数下属在接触上司时具有以下共同的心理特征，诸如在研究问题时尽力与上级"保持一致"的愿望；在工作中希望上级能看到自己的成绩；当工作中偶尔出现某一过失时总是宁愿自己悄悄地采取补救措施，也不想让上级知道；强烈追求上下级之间在人格上的完全平等；渴望得到上级的尊重和信赖；愿意"参与"上级的管理工作，使自己的美好设想能在上级的决策过程中有所体现；企求上级能"理解"自己的美好心愿和良好动机，支持自己的工作；在万一遇到挫折和失败时，希望作出决策的高层主管能理所当然地替自己分担责任；在完成工作任务之余，希望上司的管辖和约束最好不要过紧，应给予自己适度的"自由"……对于下属这些共同的心理特征，高层主管应在准确掌握的基础上，不断改进工作方法，尽量使下属达到心理上和感情上的某种满足。唯有这样，上下级之间才能进行有益的感情传递，下属才能在心理上处于一种健康的活动状况，并且相信高层主管对自己是信赖和尊重的。

应该记住：倘若下属积极的、健康的心理要求得不到完全满足或部分满足，从而使下属一次次处于十分失望的境地，那么，哪怕高层主管再如何"真诚"地向下属表示"充分信赖"，下属对上司的疑虑也是很难消除的。

最重要的一条：用人不疑，关键还在于"用"。信而不用，这种"信"就不是真信；用而不信，被用者心中难免存有疑虑，这种"用"也不可能用好。在经常地、普遍地信赖下属的基础上，高层主管理应根据管理活动的需要，把有限的时间和精力用来信赖那些德才素质最佳的下属。

领导的信任对下属来说是极其珍贵的，它既是下属努力工作的动力，又是使上下级关系融洽的润滑油。因此，许多优秀的高层主管都坚持"用人不疑，疑人不用"的原则，打造良好的上下级关系。

体谅犯错的下属

人的能力是可以通过不断地培训而提高的。

——松下幸之助

任何下属都难免犯错误,从来不犯错误的下属是根本没有的。管理者绝对不要以为下属犯了错误,就扣上一个"平庸"的帽子。所以管理者要想让每个下属的主观认识都完全符合客观实际,没有一点盲目性,始终不犯错误,那是不可能的。因此,每一位管理者都面临着如何对待犯错误的下属的现实问题。能否正确处理这个问题,是衡量一位管理者会不会用人,会不会教育人,会不会团结人,会不会调动人的积极性的重要标志。那么,高层主管应怎样帮助犯了错误的下属呢?

(1)要做具体的分析。

下属犯错误的历史环境和主客观原因各不相同,错误也有性质和程度上的区别,例如有政治立场方面的错误,也有思想作风和工作方法方面的错误;有严重错误,也有一般错误;有盲目犯的错误,也有明知故犯的错误;有偶尔犯的错误,也有屡犯的错误等。因此,对错误一定要做具体的分析。如对于在经济体制改革中,勇于开拓、积极探索的一些改革家所犯的错误怎么看?政策界限不清、方向路子不明、准备工作不足、经验不够等,都是他们犯错误的历史条件。对于这些下属,不但不能打击,而是要热情扶植,大力支持。在鼓励他们继续探索的同时,帮助他们找出犯错误的根源,在实践中予以改正。

（2）要坚持"惩前毖后，治病救人"的方针。

帮助犯错误的下属，要抱与人为善的态度，而不能采取"落井下石"的错误方法。同时要从实际出发，是什么错误就说是什么错误，既不掩盖，又不夸大。帮助应当充分说理，坚持和风细雨，提高他们的觉悟。而不要简单粗暴，无限上纲，以势压人。另外，一个人从认识错误到改正错误，总要有个过程。在他想不通的时候，不要硬逼着他检讨（当然不是不要检讨）。有时思想上出现一点反复也是允许的。只要把基本问题讲清楚就可以了，不要没完没了地检讨。倘若他犯的是一般性错误，而且对错误已有了深刻认识，有改正错误的决心并已考虑出改正错误的方法，就更不应当继续责备他了，而应给予热情的关心和鼓励。

（3）要宽容大度。

对犯错误的人，需要严肃，也需要宽容。所谓宽容，就是按照允许犯错误、允许改正错误的原则办事，对犯错误的人采取宽容的态度，实行从宽政策。特别是对于因大胆探索而造成的失误，因经验不足而造成的失败，因出现复杂的新情况而造成的差错，更要宽容。如果偶有失误，就把人撤掉，或严厉责骂，下属就会失去锐气，不敢再露头角，变成谨小慎微只求无过的人。对工作不敢进行任何创造，这样自然也不会取得成绩。而且，如果犯过一次错误便毫不宽容，下属的更换势必频繁，领导岗位的稳定性、连续性将无法得到保证。这样做，实质上是不允许人犯错误。宽容是帮助的前提，不懂得宽容就谈不上任何帮助。但宽容不是无原则的迁就，不是宽大无边，而是在政策原则允许的范围内，尽量做到宽大为怀。

（4）注意开导。

有的人一旦出了差错，犯了错误，就陷入迷途，把自己孤立起来，认为"这可不得了""自己算完了"，从此一蹶不振，垂头丧气。遇到这类情形，管理者有必要找他本人坦率交谈，帮助他解开因犯错误而终日紧锁的愁眉，使他懂得：一个人在工作中难免出现这样或那样的差错，这是谁都会有的现象，不要过分懊丧。犯错误对于增长才干来说是一种投资。有过失败教训的人，可以比没失败过的人学到更多的东西。犯错误、失败都不可怕，可怕的是不懂得怎样对待错误。真正聪明、勇敢、有作为的人，是善于从错误中学习的人。人若能从错误中真正学到东西，就会锻炼出更加有为的才识，进而扭转后进和失败的局面。犯错误的人懂得这个道理，就不仅不会胡思乱想抬不起头来，而且会

第三章 对下属，构建差异化的从属关系

产生一种重新振奋的愿望和决心。在此基础上，你再指点他应该从哪里着手，先做些什么，后做些什么，以便其尽快挽回丢失的面子，以新形象出现在众人面前。事实证明，越是自尊心强、犯了错误羞于见人的人，越是需要管理者的引导。经过引导之后，那些爱面子的心理就会变成发奋图强的决心，做好工作的劲头也会远远超过他人。因此，管理者应该懂得，下属一时有错误，倒是一个机会，可以趁机培养他不甘示弱的思想意识。只要他有了这种意识并真正去做，他就可能成为一个人才。

（5）为下属改正错误创造一个有利的环境和条件。

一个人犯错误之后，本身就有一种自卑感和压抑感。抬不起头，情绪低落，是因为他身边有众多的人，有种种不同的目光和议论。如果管理者能够从人际关系方面做一些工作，为他创造一个温暖的环境，他那种无地自容的自卑心理就会得到克服。因此，管理者要比平时更主动、更热情地接近他，同他本人交谈，关心他，鼓励他，使他坚定改正错误的决心和信心。同时还要做他周围的人的工作，让大家不仅不歧视他，而且要主动接近他，视他为知己，对他加以安慰和劝勉。这样，他就不至颓丧，就会努力改正错误以不辜负大家的体贴和期望。反之，如管理者不做工作，任其发展，犯错误的人就很可能被孤立起来。结果必然是，轻则萎靡不振，重则产生不满和对抗情绪，甚至出现一些过激的行为。在犯错误的人有了改正错误的决心以后，管理者要想方设法为其重新奋起创造有利条件。办法可因人因事而宜。如，对于那些因不善于处理问题而犯了错误的人，领导应循循善诱，告诉他如何分析问题，解决矛盾，处理关系；如果是业务不熟、经验不够，可以多给他一些学习和实践的机会，并指定业务水平高、经验丰富的人负责对他进行具体帮助；如果是他的能力低于他所担负的工作，力不从心，就可以给他换一个既不丢面子、又能胜任的工作，让他搞出些成绩，在工作上产生信心。一旦有了成绩，就不失时机地进行鼓励和表扬，就能使他再接再厉，做出更大的成绩。

一些高层主管很容易犯这样的错误：当听到下属犯了错误时，总是立刻就作判断，甚至直接怪罪责骂，不去深入地了解事实真相，做综合性考虑。这样的处理模式极易造成彼此间的误解，甚至引起人才流失。

了解下属与被下属了解一样重要

　　作为海底王国的统治者，鲨鱼已经厌烦了管理工作中所能遇到的全部艰辛和痛苦。它终于承认，原来自己也有脆弱的一面。它多么渴望，可以像其他动物一样，享受与朋友相处的快乐的生活；能在犯错误时得到朋友的提醒和忠告。它问海豹："我在你的心目中是朋友吗？"海豹勉强挤出笑容回答："当然，你在我的心目中是最伟大的朋友。"鲨鱼说："既然如此，为什么我每次犯错误时，都得不到你的提醒和忠告呢？"海豹想了想，小心翼翼地说："作为您的属下，我可能对您有一种盲目崇拜，所以看不到您的错误。也许您应该去问一问企鹅。"鲨鱼又去问企鹅。企鹅身子转了一圈又转一圈讨好地说："海豹说得对，您那么伟大，有谁能够看出您的错误呢？"

　　"高处不胜寒"，离下属太远了对于管理者来说是不利的。因此高层主管应当放下身架，主动去了解下属，同时也让下属了解自己，这样双方关系将更融洽。

　　常言道："知己知彼，百战百胜。"身为高层主管，到底你对下属的本性了解有多深？日常工作中常常出现这种情况，即使是在同一公司相处多年的同事，有时也会突然发现竟然不清楚他的真面目。对下属个性驾驭不足必然会导致你领导工作的失败。另外你的下属对自己的工作有怎样的想法，或者自己究竟想做什么工作，这些你都了解吗？

第三章
对下属，构建差异化的从属关系

一个管理者应时时刻刻不忘提醒自己对下属"毫无所知"。怀有这种谦虚的态度，才能不忘处处观察下属的言行举止，这才是了解下属之最佳捷径。

人类有时对自己都无法了解，因此，对别人也常是相处数年而依然陌生。假如能多多少少晓得对方一点的话，那就好办了。一个管理者，常为了不能知悉下属而伤透脑筋。正所谓"士为知己者死"。不过要做到这种"知"的程度，可不是那么容易的。如果高层主管能够做到这一点，那么，无论是在工作或人际关系上，他们都可以列入第一流的管理者。

管理者了解下属，有从初级到高级阶段的层次划分。

假如你自认已经了解下属一切的话，那你只是在初步阶段而已。下属的出身、学历、经验、家庭环境和背景、兴趣、专长等，对你而言是相当重要的。如果你连这些最起码的都不知道，那根本就不够资格当管理者。不过，了解下属的真正意义并不在此，而是在于晓得下属内心所想的，以及其干劲、热诚、诚意、正义感等。高层主管若能在这些方面与下属产生共鸣，下属就会有"他对我真够了解"的感觉。到这种地步，才能算是了解下属。

即使你已经到达第一阶段，充其量也只能说是了解下属之一面而已。当下属遭遇困难时，如果你能事先推测他的行动，而给予适时支援的话，这就是更进一层的了解下属。

第三阶段就是要知人善任，使下属能在工作上发挥最大之潜力。俗话说，"置之死地而后生"，要给他足以考验其能力之艰巨工作，而在其面临此种困境时，给予适当的指示，引导他如何起死回生。

作为一名管理者在了解下属的同时也应该让下属了解自己。

作为上司，在进入工作场所时，必须如太阳的光芒一般，照在每一个下属的脸上。就与外出一天的母亲，当出现在小孩的眼前，小孩的脸上充满希望一样。

有一位部门经理召集下属开会，会上就听他一个人在唱独角戏，他会后抱怨说"没有人发言"。同是这个部门的另一位经理，他在召集下属开会时，每一个人都表现得非常活泼，发言十分踊跃，甚至到了难以控制的地步。而一旦到了前面说的经理主持会议时，整个会上就只听得到这位经理一个人说话的声音，下属们不但没有发言的机会，而且看到经理自我满足的神情，就是有话也无法说出来。

这位经理原本是担心自己不发言，会议就会开不下去。但是他并没有意

识到正是由于自己的滔滔不绝,才使会议无法开下去。其实,开会的目的,尤其是研讨问题的会议,本来就是要群策群力,听取大家的意见。因此,与其自己唱独角戏,还不如让大家轻松自然地发言来得有效。

此外,高层主管还必须认识一点,就是要经常让下属了解自己。从统率的角度来看,了解下属不如让下属了解自己来得重要。

为什么呢？因为高层主管是一个人,而下属是多数,一人了解数人当然不如数人了解一人有效。

要想统率好下属,首先管理者必须注意自己的表情、姿势、行动等。虽然夸张的演技会招致反效果,但是某种程度的意识还是必要的,至少心中不要忘记作为下属的表率。

当下属故意把视线移开的时候,要想想自己本身是不是有令人感觉冷漠的地方。如果令人觉得温暖的话,那么下属应该不会故意把视线移开的。

当然也不能对下属过于随便,这往往会使下属放任。所以"严"和"宽"要灵活运用才行。在要告诉严肃的事情时,必须以严肃的表情和言语去面对下属,笑言笑语是不能有效传达紧急事务的。但真正出现危急或重大失败时,过于严肃或严厉,反而容易使下属产生绝望感,而使事情一发不可收拾。在这里,最重要的是要身先士卒,以自己的行动召唤下属的行动,而不是训斥和追究责任。

总而言之,管理者与下属彼此之间要有所了解,相互心灵上的沟通与默契尤为重要。

智慧分享

在一个企业中,高层主管如果与下属太过疏远,那么就会形孤影单,难以真正掌握企业情况。因此,高层主管应该和善地对待下属,善于与他们合作,把他们当作知心人。这样在工作困难的时候,下属们就一定会伸出援手。

第三章
对下属，构建差异化的从属关系

奖罚分明才能服众

> 作为一名领导者，我做的最重要的一件事就是论功行赏，奖罚分明。
>
> ——杰克·韦尔奇

企业管理者必须依靠奖惩手段，做到该奖则奖，该惩则惩，两者分明。只有如此，才能够服众。

追求快乐、逃避痛苦是人最基本的动力之源。鉴于此，管理制度的设计也分别引入了奖励和惩罚两种手段。奖励是一种激励性力量，惩罚是一种约束性力量。在奖励和惩罚之间的地带，是管理者纵情驰骋的空间。但是，在近来人性化管理大兴其道的影响下很多管理者十分重视运用奖励制度，冷落了惩罚制度。具体表现在相对于奖励制度，惩罚制度的数量、方式和力度都有减少。甚至有的惩罚制度竟变成了一纸空文，根本得不到执行。这种主动放弃惩罚的做法，无疑是一服管理上的毒药。日积月累，其危害不容小视。

某保险公司，在年终时距离完成年度任务指标还有不小差距。为了完成任务，总经理下令，不但给一线的业务员施加压力，而且要求所有的内勤办公人员在做好本职工作的同时，每个人都要承担一定的业务指标，并且规定了每个人必须完成的指标下限。为保证落实，总经理还制订了奖惩措施，对超额完成任务的人员视额度予以丰厚的奖励；对不能完成任务下限的员工，则要给予惩罚。最后，该公司"冲刺"成功，如期完成了任务。从整个情况来看，部分有能力员工超额完成了任务，有的业绩还很不错。而很大一部分员工则在压力下仅仅完成了任务下限。还有一部分员工，由于种种原因，没能完成任务。少数几个员工甚至根本就没有采取任何行动，他们的业绩是"白板"。

总经理知道，如果不兑现奖励，一定会招致员工不满。虽然这一块例外奖励的支出，大大增加了公司的运营成本，但他还是论功行赏，按照事先制订的标准一一兑现了奖励。至于那些没完成任务的员工，总经理认为这毕竟不是大多数人，况且现在公司的总体目标已经完成了，从与人为善的角度出发，没有必要和员工过不去，事先制订的惩罚措施就这样不了了之了。

这位总经理不想跟员工过不去，他的一部分员工却跟他过不去了。在这个案例中，超额完成任务而得到奖励的员工和未完成任务却逃过惩罚的员工都很高兴。但是大部分正好完成任务指标的员工却不高兴了。他们在公司高压政策之下，付出很多努力，克服很多困难才勉强完成了任务。但是他们的回报竟然和那些不思进取、偷奸耍滑者并无二致。许多人虽然不敢明着去向总经理提意见，却暗自做了决定，今后再有同类事情，一定要向这些未完成任务的同事"学习"。蒙在鼓里的总经理不知道，由于他的一个所谓"人性化"的管理失误，在他的公司中，惩罚措施作为一种约束性力量已经在无形中失效了。而且，这种影响作为一种强烈的信号，即不完成者不受惩罚，将会在很长的一段时间内对组织产生负面作用。

因此，高层主管必须转变管理思想，不能只奖不罚，或只罚不奖。

奖励，是指对某种行为进行奖赏和鼓励，促使其保持和发扬某种作用和作为。奖励的方法是多种多样的，一般分为物质奖励和精神奖励，以及两种奖励的结合。物质奖励满足人们的生理需要，精神奖励满足人们的心理需要。为了增强奖励的激励作用，实行奖励时应注意下列技巧性问题。

（1）物质奖励和精神激励相结合。

进行奖励，不能搞"金钱万能"，也不能搞"精神万能"，应当把物质奖励和精神激励相结合。

（2）创造良好的奖励气氛。

要发挥奖励的作用，就要创造一个"先进光荣，落后可耻"的气氛。在获奖光荣的气氛下奖励，能使获奖者产生荣誉感，从而更加积极进取。未获奖者产生羡慕心理，奋起直追。而在平淡的气氛下奖励，降低了奖励在人们心目中的地位，很难发挥激励作用。

（3）及时予以奖励。

这不仅能充分发挥奖励的作用，而且能使员工增加对奖励的重视。过期奖励成了"马后炮"，不仅会削弱奖励的激励作用，而且可能使员工对奖励产生冷漠心理。

（4）奖励要考虑受奖者的需要和特点。

奖励只有能满足受奖者需要，才会产生激励作用。因此，奖励者应注意摸清受奖者需要什么，不需要什么，根据不同需要给予不同奖励。

惩罚的作用在于使人从惩罚中吸取教训，消除某种消极行为。惩罚的方法也是多种多样的，如检讨、处分、经济制裁、法律惩办等。惩罚作为一种教育和激励手段，本来是一般人所不欢迎的，因为它不是人们的精神需要。如果掌握不好，则容易伤害被惩罚者的感情。甚至受罚者为之耿耿于怀，由此消极和颓唐下去。但是，只要我们讲究惩罚的艺术，不仅可以消除惩罚所带来的副作用，还能够收到既教育被惩罚者又教育了别人，化消极因素为积极因素的效果。实行惩罚要注意以下几点。

（1）惩罚与教育相结合。

惩罚的目的是使人知错改错，弃旧图新。因此，要把惩罚和教育结合起来。

（2）一视同仁，公正无私。

惩罚对任何人都要一视同仁，要以事实为依据，以法律为准绳，不能感情用事。对同样过错，不能因出身、职位、声誉和亲疏缘故而处理不一，表现出前后矛盾，甚至轻错重处、重错轻处。这样的惩罚只会涣散人心，松懈斗志，毫无激励的价值。

（3）掌握时机，慎重稳妥。

一旦查明事实真相就要及时处理，以免错过良机，造成更大危害。适时是指掌握恰当的时机，瞄准火候。什么是惩罚的最佳火候呢？其一，事实已查清，问题性质已分清时；其二，当事人已冷静下来，对问题有所认识时；其三，其错误的危害性已为群众所意识到时。具备这三个条件，就是惩罚的恰当时机。这三个条件要靠惩罚者去创造，不能消极等待时机。惩罚，还应注意稳妥，不能一味蛮干。有的适合放一放，以免激化矛盾。特别是对一个人的首次惩罚，更要慎重稳妥，要十分讲究方式、方法。当然，也不能久拖不决，否则，时过境迁，就会降低惩罚的效果。

(4)功过分明。

功与过是两种性质完全不同的行为要素。功就是功,过就是过,不能混同,也不能互相抵消。因此,在实施激励时,有功则赏,有过必罚,功过要分明。决不能因为某人过去工作有成绩或立过功,就对他所犯的错误姑息迁就,搞所谓的以功抵过。这样做对他自己、对集体都没有好处,只有害处。同样,也不能因为一个人有了错误,而一笔抹煞他过去的成绩,或对他犯错误后所做的成绩不予承认,不予奖励。这样做也是不利于犯错误者进步的。对于一个人犯错误以后作出的成绩,更应注意给予肯定和奖励,这样才能使他们看到自己的进步。

较多地采用激励性的奖励手段来管理,当然符合人性,这是无可厚非的。但是,这不应该以减少或弱化使用约束性的惩罚手段为前提。两者并不矛盾,而是相辅相成的。管理者只有正确地理清自己的奖惩观,才能在奖惩之间游刃有余,让下属对自己心服口服,支持自己的工作。

第三章
对下属，构建差异化的从属关系

当好下属的"和事佬"

 智慧点击

在一个地方压下去的不满，往往还会在另一个地方发泄出来。

——卡耐基

在一个企业，下属之间因公事或私事发生矛盾并不罕见，很多时候，高层主管必须介入其间调解，因此善于调解下属的纠纷就是成功领导者必备的基本功。

当两名下属出现摩擦时，你首先要保持镇静。不要因此风风火火，甚至火冒三丈，这样你的情绪对矛盾双方无异于火上浇油。

你不妨也来个冷处理。不紧不慢之中，会给人以此事不在话下之感，人们会更相信你能公正处理。假如你自己先"一跳三尺"，处理起来显然不太顺手，效果也不会很好。

当双方因公事而发生"龃龉"时，"官司"打到你的跟前，这时你不能同时向两人问话，因为此时双方矛盾正处于顶峰。此时问话，双方定会在你跟前又大吵一架，让你也卷入这场"战争"。双方可能由于谁最先说一句话，而争论不休。

到底是先有鸡后有蛋，还是先有蛋后有鸡，此时是争论不出个一二三的。这种细节问题，也委实难以证明谁是谁非。

不妨倒上两杯茶，请他们坐下喝完茶让他们先回去，然后分别约见。

单独约见时，请他平心静气地把事情的始末讲述一遍。此时你最好不要插话，更不能妄加批评，要着重在淡化事情上下功夫。

事情往往是"公说公有理,婆说婆有理"。两人所讲的当然会有出入,且都有道理,你在一些细节问题上也不必去证明谁说得对。

但是非还是要由你断定的。当你心中有数了,此时尽管黑白已明,也不要公开说谁是谁非,以免进一步影响两人的感情和形象。假如你公开站在一方这边,显然这方觉得有了支持气焰大涨,而另一方则会觉得你偏袒一方。

你不妨这么说:"事情我已经清楚了,双方完全没有必要吵得这么凶,事情过去了就不要再提了。关键是你们要从大局出发,以后不计前嫌,精诚合作。"相信经过几天的冷静,双方都会有所收敛。你这么一说,双方有了台阶下,互相道个歉,也就烟消云散了。

如果事情纯属私事,你也应该慎重处理,切不可袖手旁观。因为两人私事上的矛盾会直接影响到工作上的问题,也要分别召见两人,但和公事应该不同。

对于他们之间的私事,你没有必要"明察秋毫"评定谁是谁非。有许多私事是十分微妙的,看似简单,实则越处理,则事情越复杂,可能会扯进来很多旁人。事情越闹越大,定会影响公司的整体工作。

你不妨说:"我不想知道你们之间的那些事,但基于工作我要求你们通力合作,不容许工作受私事的影响,希望你们清楚这一点。"

有时也可把他们调离,不见面的时间长了,矛盾也就自然消失了。

处理这种矛盾时,切忌对和你私人关系较好的一方偏袒,要公私分开。这样更能显示你的公平,赢得下属的信任。

调解下属纠纷,具体做法如下。

(1)周密调查,认真分析。

"没有调查就没有发言权"。要调停纠纷,首先得做周密的调查。既要了解纠纷的起因、经过、现状和趋向,又要了解各方的观点、理由、要求和动向。通过调查,分清纠纷是"公务型"还是"私愤型",是无原则纠纷还是原则冲突,是认识上的分歧还是利益上的对立;经过分析,抓住纠纷的本质,以便得出正确的结论。

(2)坚持原则,以理服人。

调解纠纷,忌带私心。领导者应该坚持原则,依据事实,对照政策,力求公正无私,以理服人。

(3)因势利导,因人而异。

①春风化雨法。既要"春风熏得游人醉",说些好听的;又要不失时机地

"料峭春风吹酒醒",使纠纷双方对你心悦诚服。

②单刀直入法。对不太复杂的纠纷,可把当事人一起召来,当面锣、对面鼓,把矛盾揭开,"打开窗户说亮话",当场解决。

③含糊处置法。在某些特定条件下,对一些无原则的纠纷,可"各打五十大板"。采用此法使纠纷双方受到批评、教育和处分,让其从恶梦中醒来,以维护团结。

④缓机处理法。如调解时机还不成熟,不妨暂缓一步,待以后择机行事。但这必须是纠纷已经处于比较稳定的状态,暂缓处理不会出问题。

⑤彼此退让法。通过协商,迫使矛盾双方各自退让一步,达成彼此可以接受的协议。但应注意不能让有理者吃大亏。

⑥侧面入手法。有时纠纷复杂,问题棘手,正面强攻则难以奏效。此时,应灵活机动地从侧面入手,迂回前进。或让对当事人极有影响力的人去做工作,"一把钥匙开一把锁"。

⑦高温加热法。对当事双方在批评、教育的基础上,采取行政手段或组织措施,限期他们改正、和解。具体可采取民主会诊、责令检查、通报批评等方式。采用此法,应考虑当事人的心理承受能力,不能盲目"加温",以免"欲速则不达",出现意料不到的问题。

⑧情感感化法。在调解纠纷的过程中,为缓和矛盾,避免大的冲突,让一方采取高姿态去感化另一方,实施"将相和"。采取此法的前提是,纠纷一方尽管有一时之忿,但觉悟较高,一经点拨,便能识大体、顾大局;另一方虽然一时八匹马拉不回头,但也并非顽石一块。

⑨回避让路法。在处理纠纷时,如因调停者措施不妥,而使调解工作陷入僵局时,调停者要从大局利益出发,主动回避让路,由领导班子中的其他人出面调停解决问题。

智慧分享

下属之间出现矛盾时,处理这种矛盾是很显领导水平的。处理的好,可以化干戈为玉帛,关系更进一步;处理不当,矛盾终会到达白热化程度。因此,高层主管在处理下属间矛盾时,要善于在矛盾纷争的局面中寻求平衡,以"和事佬"的姿态来调解矛盾。

第四章
对异性,坚持谨慎的交往关系

现代企业中,两性之间的交往是不可避免的,同时又是非常"危险"的一件事。因为稍微处理不当,便可能引起绯闻。高层主管身居高位,在与异性下属交往时更应谨慎,一举一动都要分外小心,不要给人留下打击自己的把柄。

第四章
对异性，坚持谨慎的交往关系

把握距离远离是非

从友谊到相爱，只要跨出一步就到了。

——契诃夫

与异性下属交往时，一定要保持适度距离。距离过远显得生疏，距离过近了又可能陷入是非当中。

距离感是人际关系中最根本的法则之一，同时它也是人际交往中最难把握的问题之一。大哲学家萨特曾对人类相处的境况作过一个绝妙的比喻。他认为，人与人之间的关系，就像一群野猪，由于寒冷，它们之间拼命地向一块儿聚集以保持温暖。同时，它们之间又必须保持一定的距离。因为如果凑得太近的话，野猪身上的刺就会最终造成彼此的伤害。人与人之间的关系的确就是这么微妙，既要相互依赖，又要保持各自的相对独立性。

一个人，如果知道距离的重要性，知道对不同的人应该采取怎样的距离，知道如何维持和调整这种距离，那么他（她）就会在社会交往中显得游刃有余。

男女相处，特别是在上下级之间，距离就显得更为重要。距离过大，自然不利于培养融洽的上下级关系和形成良好的工作配合；距离过小，则容易产生各种不良的后果，使上下级都受到伤害。

男性高层主管在与女性下属相处的过程中，一定要注意时间、地点、场合和自己的言谈举止，使彼此之间的距离不越过正常的工作关系的界限。这里

结合实践,为你指出男性高层主管在与女性下属相处时应注意的七大问题。

(1)男性高层主管不要轻易到女性下属的家里去。

我们每个人都有这样的经验,即当交际双方的关系已相处到一定的程度,才应该或有可能到对方的家里去做客。因为家是一个人的个人生活空间,它并不是一个工作场所。男性到另一位女性家里,往往意味着某一方面或双方愿意使彼此的工作友谊更进一步,上升到私人友谊甚至是更远。

所以,男性高层主管不要轻易地去女性下属的家里。一方面因为它超越了上下级工作关系的人际距离,容易让下属误会,以为你在有意靠近她。另一方面,也容易给心术不正的下属创造实现不良企图的机会,出现种种问题。而且,女性下属与男性高层主管之间这种私下的接近,还会造成不良的社会舆论,影响彼此正常的生活。

(2)在办公室里谈工作最好有第三人在场。

工作上的事在办公室里谈,这是避开众人之嫌的最好办法。并且,办公室里庄重、正式的氛围也有助于为上下级的交往营造一个正常的时空环境。

然而,高层主管都有自己独立的办公室,这个办公室由高层主管独自使用,因此也会带上个人空间的色彩。

当你要找女性下属谈工作时,一定要光明正大,最好有第三人在场。并且,要提纲挈领,拣重要的说,不痛不痒的话少说。这样,别人就不会有所猜疑了,女性下属自然也不会生出什么不好的想法。

这里最忌讳的是偷偷地找女性下属进自己的办公室。一方面,每次的出入不可能没人撞见。另一方面,这种看似做贼心虚的做法只会给自己增添麻烦。所以,男性高层主管在与女性下属相处时,一定要公开、大方,尽量使双方的关系处在众人目光的监督和保护之下。从长远看,这是有利于女性下属和高层主管个人的发展前途的。

(3)在公共场合更应保持距离。

公共场合更是一个讲究礼仪、分寸的地方,大家更应按照既定的社会交往所要求的距离处理人与人之间的关系。高层主管要考虑自己的公众形象。那些不注意在公共场合保持与高层主管的适当距离的女性,其行为是不自重、不明智的。同样,在公众场合与女性下属眉目传情、亲亲热热的男性高层主管,也会乐极生悲的。

(4)男性高层主管应与女性下属保持空间上的距离。

第四章
对异性，坚持谨慎的交往关系

现代心理学研究证明，人际交往中的空间距离的不同会带来心理效果上的不同。正常的人与人交往过程中，要注意保持一定的空间距离。

人类学家爱德华·霍尔通过对美国社会的研究，认为人际交流过程中可按彼此距离的大小划分为四种不同的空间类型。第一种距离为亲密的，其范围大约在 0~46 厘米之间；第二种距离是个人的，距离在 46 厘米~1.2 米之间；第三种是社会空间，距离在 1.2~3 米之间；最后一种是 3 米以上。

可见，人际交往是需要空间距离的。特别是男女之间的交往存在着潜在的暧昧可能性，对此更应加以注意。如果男性高层主管在与女性下属的交往过程中，突破了正常的人际距离，闯入到亲密的距离范围内，彼此的呼吸可听，彼此的气味可闻，眼神、表情的细微变化也是历历在目，势必会形成某种刺激，引起不当的心理活动。

（5）言谈举止要注意分寸，不可过分随便。

男性高层主管一定要注意自己言行的分寸，不要随随便便去谈那些不合时宜的话题，也不要在说话时过于随便、放肆。有些男性高层主管在谈话中，或大笑不止，或眉来眼去，甚至触及某些私人话题，这些都会让人反感或引起误会，破坏正常的人际交往。因此，当为做管理者所戒。

（6）注意不要在私下里谈工作。

男性高层主管最好不要在私下里与女性下属谈工作。除非是紧急情况或十分必要，这些问题完全可以在工作时间里谈。另外，在工作之余与女性下属谈工作，还可能会引起女性下属和其他人的误会，引起双方家属的不快和猜疑。这样，很容易使正常的上下级关系走上不正常的方向，这就弄巧成拙了。

（7）不单独与女性下属去娱乐场所。

男性高层主管与女性下属同去娱乐场所是不适宜的，特别是当你已经有夫人以后。因为这种交往已超越了上下级之间工作交往的范围，并且容易出问题。

娱乐场所的气氛不适于正当的异性上下级的交往。恋爱中的男女一般比较钟情于这样的地方，混迹其中。再加上浪漫的音乐，势必会产生亲近的心理暗示，悖离正常的交流范围。

更何况，没有第三人在场，就很难形成一种制约。把握不好就容易突破正常的交往距离，不利于男性高层主管约束自己，也不利于女性下属保护自己，从而使彼此的交往处于一种非正常的、暧昧含糊的状态。

总之，男性高层主管应该注意，异性上下级之间的交往是一个非常敏感的问题，一定要谨慎处理，尽量避免私下的接触，使彼此之间保持一定的距离。

智慧分享

男性高层主管在与女性下属相处的过程中，一定要注意把握距离，言谈举止都要自制有礼，不要超过正常工作关系的界限，从而造成不必要的误会。

第四章
对异性，坚持谨慎的交往关系

建立对女性下属恰当的管理方式

> 只有一流的人才才会造就一流的企业，如何筛选识别和管理人才，证明其最大价值，为企业所用，是企业领导者面临的颇为头痛的问题。
>
> ——盛田昭夫

企业高层主管应该对男女性下属一视同仁。然而在管理女性下属时，则要根据女性下属的性格特点，制订不同的管理方式。

在某些高层主管看来，女性天生就有许多因素可以大加利用和发挥。有些事情女性一句话甚或一个眼神就可以办到，而男性就是费尽唇舌也未必能办成。

在日籍犹太商人藤田先生的公司里，有半数职员是女性，而且女性的工作不光是端茶送水。藤田先生对女性的要求和男性一模一样。如果生意要求去国外出差，藤田先生往往派女性去。有时就是新进公司的年轻女性，藤田也十分放心地派她们出去。

女性最喜欢出国，听说公司要她们出国，常常高兴得眉开眼笑。出国的热情一上来，工作就是积极而卖命的。她们唯恐这次工作没有做好，没有完成好任务回去没法交差，当然下次就不可能再出国了。为了下一次，这次就得彻底做好。

犹太人呢，一听说来的是日本女性，也非常高兴，而且能够极亲切地予以款待。女性这时候若能巧舌如簧，必然能为公司带来利益。

女性最起码有下列几大优点。

（1）不贪杯。女性中很少有人见酒就喜上眉梢的。

（2）不会花钱去玩男人。而男性到了国外，花钱玩女人要比花钱买商品积极得多。其坏处，一是工作分心，二是容易误事。

（3）女性对工作一般都忠心耿耿，效忠于自己的高层主管，绝对不会有背叛行为。而男性就很难说了。

从这三大优点可以看出，女人最起码不误事，可能不成事但绝不可能坏事。而男人，往往会成事不足，败事有余。在此基础上，女人有天生的交际天性，其优势远远大于男性。

目前女性在公司里所占的比例，有增多的趋势。苦于无法对女职员施展领导权的高层主管，竟然出乎意料的多。现将对她们施展领导权的主要具体技巧整理如下。

（1）仔细研究对方。

分析女人的特性时，可以发现她们是感性的，很在意别人的眼光，禁不起奉承，畏惧权威，以及易受环境的影响等。而她们的忍耐力强等优点是毋庸置疑的。高层主管常疏于研究她们，这是不对的。正确的态度是，参照上述一般的评价，研究对方的特性、想法以及对工作的希望。

（2）高层主管要严格反省自己对女职员的管理方式。

高层主管与男职员都有纵容女职员的倾向。如果对女职员所采取的对策不适当的话，就难以在她们身上施展领导权。所以，高层主管要严格反省自己对女职员的管理方式。如果不能根据自我反省来修正自己的想法或行动，则对策就无法奏效。

（3）互相交谈。

首先，选个不会受到第三者干扰的场所，然后准备话题，以便缓和气氛。其次，高层主管要自我反省，是否严格要求男职员维持工作部门的纪律，却纵容女职员。接着才开始进入正题。总之，要想清楚地传达想纠正的现状，此时要好好与她们谈话，给予忠告：如果依然我行我素，即使目前深受别人欢迎，日后必定会被冠上任性的评语。这对其本人而言，是莫大的损失。女人的特性是希望被赞美，所以她会欣然接受谈话的内容。最后，不要忘了指出她的优点，以褒奖来鼓舞她。

实行以上的对策，然后密切观察她的变化。如果她能照高层主管所说的

第四章
对异性，坚持谨慎的交往关系

来改变的话，就表示能在她身上施展领导权。果真如此，那再好不过了。继续奖励她的努力，并鼓舞一番。

如果她的态度没有明显改变，就要再度与她详谈。向她的母亲或就职时的保证人等她认可的权威人士说明原委，然后请他们说服她，也不失为一种良策。

女职员和男职员一样，都有逃避责任的倾向，容易安于现状不思进取。这样，她们身上所蕴藏的潜能就不能得到充分的施展，只能从事一些简单的、轻松的工作。这从某种意义上说，就是高层主管对女职员的姑息和迁就，违背了"任人唯贤"的管理原则。

成功的高层主管必须树立"人尽其才"的观念，从以下几个方面入手，对女职员严格约束：

（1）促使她们自觉成为职业人士。

这是管理女职员最根本的一点。如果忽略了这一点，就很难成功地加以管理。因为女职员较重视感情、重视人际关系，遇事无主见，害怕承担责任。这些性格上的特点常常阻碍了她们发挥自己的工作能力，与职业女性的要求相差太远。

如何才能使她们成为自觉的职业人呢？最有效的方法是使她们明白劳动的意义、工作的意义，给她们指出明确的奋斗目标和具体的要求。

（2）不姑息迁就女职员的借口。

高层主管在分配较为困难的工作给女职员时，她们为了逃避责任，往往会来一句："我们女人无法做。"假使你对她们一味宽容迁就下去，她们就会永远"无法做"下去。在这种情况下，高层主管应严格要求，加强思想工作，不能任这种不良态度得以放纵。作为一名高层主管，你就要从自己做起，给女职员做一个优秀能干的榜样。须知，榜样的力量是无穷的。在你的带动下，全公司的女人就如一溪活水，而不是死水一潭。

当然，不姑息迁就也不是对女职员用狠招，关键是要以理服人、以情动人，使她们认识到工作是不允许受个人感情左右的。女人天生愿意接受好的意见，一旦认识到你的良苦用心，必然会欣然同意。

（3）不偏袒女职员。

高层主管不能以自己的好恶偏袒女职员，特别要注意公平对待。女性感情比较细腻，一旦发现受不公平对待，容易产生不满情绪。而且高层主管如果过多地袒护自己喜欢的女职员，也有损自己的形象，招致周围同事的批评，给以后的工作埋下难以消除的巨大隐患，这显然是不足取的。

（4）培养上进心。

女性工作人员易安于现状，因而要注意加以适当的引导。最行之有效的方法是给她们有责任的工作，促使她们在工作中树立起职业意识和事业心，从而改变这种不良倾向。但也不能突然给她们加上沉重的压力，令她们无法承受。而应先给予责任较轻的工作，再慢慢地酌情加重。

智慧分享

如果不能制订出适合女性下属的管理方式，就很难在她们身上施展领导权，这对于企业管理显然是不利的。因此，高层主管应当重视对女性职员的管理。

第四章
对异性，坚持谨慎的交往关系

与女秘书相处要把握分寸

美德蔑视人间的一切讥嘲，愈受到诽谤身价愈高。

——笛福

作为高层主管，不可能事无巨细什么都管，因为该做的事情实在太多，选一个秘书做助手再合情合理不过。

秘书是助手，正如你的左膀右臂。一些琐碎小事，尽可能由她或他去代办。有些不必要出面或不愿意露面的场合也可以让秘书代言。所以，不论男女，一个优秀的秘书会给你的工作带来不可估价的益处。

秘书如此重要，则选择秘书更为重要。切记莫让公司或单位机关的人事部门替你选择，一定要亲自过问，自己面试选择，确定聘用何人。

一提到秘书，现在人多联想到"小蜜"。这也不奇怪，确实有某些男性高层主管把选秘书当成选美，故意挑选那些容貌迷人、身材窈窕、温柔娇媚的靓女。不说倾国倾城，倒也算花容月貌。这是曲解了秘书的意义和作用。要记住，高层主管选择秘书不是选模特，更不是选美。

因此说，高层主管须十分注意，万分小心，调整好与女性下属的关系。

四十男人一朵花。尤其是年轻有为，做了高层主管的男士，更是招人艳羡，备受青睐。说不定什么时候，漂亮的女孩向你看过来，看得你莫名其妙，看得你心里奇奇怪怪。你可悠着点儿，别忘了自己是高层主管。

高层主管因所拥有的职权和地位被罩上了绚丽的光环，会有许多异性下

属向你投来含情脉脉的目光,给你无限温柔。不求别的,只是想讨你欢心,能够在你的提拔下早日荣升。

管理不能玩潇洒,更不能处处留情。洒落一地情种,收获的却只会满背棘荆。还是高唱:"你的柔情我永远不懂,我真的是一无所有,请把你的美丽自己带走,别再问我能不能够……"

男性高层主管和女性下属相处不能不掌握分寸。

你或许会觉得心惊胆战,似乎有了女性下属,就好比面对着吃人的老虎一样,随时都有被吞吃的危险;仿佛到处都布满了玫瑰色的陷阱,令人不寒而栗。

可是,话说回来,也并非女性下属都不能接近。若是落花有情,流水有意,产生了爱情,也是人之常情。

拥有爱情神力,寻求成功良策,是你做个好高层主管的一条捷径。爱,带给你的不仅仅是婚姻和家庭,同时带给你一张人际交往图。

但是,在和下属谈情说爱之前,先想清楚自己的身份,想一想自己要得到什么,值不值得。领导就是领导,不同于一般的职员。假若你是管理者,拥有一间办公室,同时有一位小姐做你的秘书,则你须谨言慎行,说不定稍有不慎便成了故事里的主要人物,成了街头巷尾谈论、小报杂志用以赚钱的热门话题。

这办公室里的故事又实在不好说,越说越像真的,越涂抹越擦不干净,弄不好身败名裂,多年心血毁于一旦。

办公室恋情就像一颗危险的定时炸弹,高层主管一定要对其避而远之。选择秘书时首先要选"才",然后才是"貌"。在具体工作中,也一定要调整好与秘书的关系,免得使自己陷入尴尬境地。

第四章
对异性,坚持谨慎的交往关系

异性下属的"豆腐"吃不得

德可以分为两种:一种是智慧的德,另一种是行为的德,前者是从学习中得来的,后者是从实践中得来的。

——亚里士多德

作为一个男性管理者,作为一个追求事业、立志有所作为的管理者,女人的"豆腐"吃不得,女性下属的"豆腐"就更吃不得。因为你有你的事业,他们称你为领导,是基于你的事业,而不是看你吃了几块"豆腐"。而你的事业的成功,也要求你不要吃"豆腐",吃了"豆腐"也许你当时觉得滋味不错,或者说挺潇洒,但是随之而来的就是身败名裂,你所有的事业,也许就会毁之于"豆腐"。生活中此类的事例不是很多吗?影视作品中更是如此,君不见,哪个影片中没有此类事:一位潇洒能干的领导,与几个秘书或身边工作人员的感情纠葛——姑且把这叫做感情吧,因为实在想不出什么名词更合适些。有时这故事缠绵绯恻得令观众也如身临其境,使得多情善感的人,也许要陪着落些许眼泪。

如果你也曾经这样做过,那么你注意到这些了吗?你想到过下面这些吗?某领导因为众所周知的问题而被诉诸法庭,事业之路就此终结。

其实我认为,这不仅是事业不事业的问题,而更是一个人格的问题。作为一个男人如果丧失了男人应有的人格,对不起,那可就不好说了。

男人们会说,这男人有钱就找不到北了;女人们会说,这男人真没良心,

喜新厌旧，或者把形容女人的专利词——水性杨花送给你。到那时你就是猪八戒照镜子——里外不是人了。那么，为什么又有这么多人吃此"豆腐"呢？

这就要我们看一下管理者自身，和管理者身边可能存在的那些女人。

有一句话曾经流行一时，不知是人们跟广告学的，还是广告跟人们学的：其实男人更需要关怀。这句话男领导或男人们听了，心中都会乐滋滋的。虽然很多时候只是说说而已，但在女权运动风起云涌的20世纪90年代，能喊出这样响亮的口号，不能说此人不具备一定的胆识和先见之明。现在的女权运动真有点让"革命者"望而生畏，以致于"气（妻）管炎"成了流行病，许多男士成了"革命"的对象，以致不堪重负。

说起这些当然不是为男士们争辩，或者说此乃"女权运动"的"产品"，事实像所有人认为的那样，绝非如你想当然。

不是也有那么多男士，清清白白，不是有那么多女士做了"豆腐"没人吃吗？男性领导们不吃女性下属的"豆腐"乃是成为领导的先决条件。

作为公司管理者的你，今天签合同，明天开会，后天订货、谈判、打官司，或者客户约见，似乎什么事都得你亲自出马，你忙得焦头烂额。这样身边就会多几位女秘书来助你一臂之力，这本是应该之事。

但事情或者说吃"豆腐"的事情往往就从此而来。

作为一名男性管理者，事业有成自不用提。因为毕竟不是百分之八九十的男人都是领导，于是你成了男人中的"少部分"。也许"物以稀为贵"这句话具有一定的普遍意义。如果再加上你风度翩翩，那可就是"人财并茂"。可想而知会有哪个女人不对你献殷勤？这本无可厚非，假如每个女人见了漂亮小伙避而远之，见了街头乞丐模样的人，点头哈腰，那可就成问题了。

但是，管理者可要练就一身好功夫，过好这一关。有句话叫作英雄难过美人关。这是带有一定普遍意义的，不然的话，美人计何以成为三十六计之一呢？但古往今来，不被女色所动者又是大有人在。关羽不是过了这一关吗？不是也有许多革命先烈，在反动派的此计中，立场坚定吗？

作为一个领导，你还要考虑你的妻子、你的孩子。脱离了家庭，你就成为断了线的风筝。也许放飞得会高一些，但是你将偏离方向，失去动力源泉。别小看那根绳，在你开始起飞的时候，不正是靠了那根绳吗？不然，人们为什么制风筝要做一条绳呢？

◀◀◀ 第四章
对异性，坚持谨慎的交往关系

　　作为企业的管理者，维护自身形象是非常重要的。一旦落下了爱吃女性下属"豆腐"的恶名，你在企业中恐怕就立足不稳了。因此，身为高层主管还是应当自重身份，妥善处理与女性下属的关系。

读懂你身边的女性下属

魅力是女人的力量,正如力量是男人的魅力。

——艾丽斯

作为企业管理者,男性高层主管必须学会与女性下属打交道。而为了处理好与女性下属的关系,不在交往中发生误会,身为高层主管的你就应该先对女性有所了解。

女性与男性的确不同。由于自然条件和社会条件的各种局限,女性为了生存和发展,同时为了更好地保护自己,在千百年的沧桑路上形成了自己独特的文化内涵。

女性的言行,一方面随时代,一方面又苛守着常规,所以有时表现得合情合理,无可挑剔;有时又一反常态,特别不可思议。男人无法理解,就认为女人反复无常,不可理喻。可是又忍不住回首顾盼,总想揣摩谜一般的女人。

女人也是人,有着人类所有的共性。该哭的时候,她会流泪;该笑的时候,她也无所顾忌;该坚强时,她同样能抗争到底;该退让时,她会顾全大局。能伸能屈,不只是男人的品格,女人同样具有。

女人又毕竟是女人,她有着自己的个性心理,在社交界中独具风采。她的穿着,体现自我的同时,既为悦己,又为悦人。她的眼神涵义丰富,如说似诉。你想弄清楚吗?那就要细细地研读。女人的微笑,意义不同。真若分析起来,奥妙无穷。女人征服男人,不需要美色,富有智慧的女人具有永久的魅

第四章
对异性，坚持谨慎的交往关系

力。女人有女人的喜好，不同的女人可以有不同的标准。但品德恶劣，道德败坏，又有不良生活习惯的男人却是所有女人共同反对的。她们宁可孤独或者独身，也绝不愿与这类男人为伍。女人是柔弱的象征。在纷繁复杂的社会中，女人有女人的弱点，她承受不住太多的冲击，各种压力导致她们的心灵十分脆弱。脆弱的心灵又需要百般呵护，所以她们惧怕男人，又依赖男人。在矛盾的精神夹缝里，女人与男人保持着若即若离的关系。不要怪罪女人，自卫是她们的本能。女人也有疯狂的时候。当她爱上某个男人，她会变得勇敢无畏，她比任何时候都坚强。即使前面是刀山火海，为了爱，她也会去闯一闯。女人用生命去爱，她的爱充满了高尚，使天下的男人为之逊色。但是女人的这种爱，一旦失败，付出的将是一生的代价。女人很难再从失败中崛起，重新点燃爱的火把。

女性的社交心理纷繁复杂，异彩纷呈。了解了女性的社交心理，就应该理解她们，尊重她们，关怀她们，慰藉她们。只有这样，你才能与她们建立良好的人际关系，从而做进一步的沟通。

此外，高层主管还应该注意到女性的感情一般是比男性较为敏感的。她们会因对方一个举动或一句说话，便可以联想到许多事来。例如看见经理接见面试者，就揣测某位同事可能会被调走或解雇。

最奇怪的是，一般神经过敏的女性下属只是对于私人事件较感兴趣，却不能用在公事上。这实在是非常可惜的，但是这些女员工并无感到不妥，只是一贯地保留好奇的性格。

一些小心眼的女性下属有很优厚的潜质，其敏感的触觉，可以发现一些别人忽略的细节。例如客户的企图和意愿，往往是女性职员较早预知，进而找出适当的应付方法的。她们用心工作，对环境诉求颇高，而且容易产生排斥新人的行为。尤其是一些被认为对她们的地位有威胁的同事，更加排斥之。

面对这类下属，身为主管应正视她们的优点。另一方面，引导她们处理一些大问题。她们在开始时，会有逃避处理较复杂事项的心理，你不能让她们故意逃避，反而要她们多想、多做。久而久之，便能训练女性下属在处理工作时巨细无遗，效率更见提高。

电话聊天，特别是私人电话，对工作造成的影响不单只是效率方面，也会因为电话线被占用而影响工作进度。无论为了什么原因，经常用电话来聊天均不宜姑息处之。不过，偶一为之，则可能是该下属私生活出现问题，必须靠

电话与某方面保持联络,例如亲友生病、朋友有困难求助等。主管应体谅有真正需要的下属,但对于经常使用电话聊天的下属,可做出以下的应付方法。

(1)给她较多的工作量,并限时完成;

(2)暗示公司不欣赏经常电话聊天的下属;

(3)关切地询问她是否有难题,并劝她赶快解决,以免影响情绪。

由于女性较为敏感,日常所遇到的事情未能洒脱处理。有些则在公事上理智,私事上却感情用事。主管应多了解下属的性格,做出适当的引导,使他们知道公事被私务困扰是不明智的。

女人是一本书,读懂她们,你就会知道怎样把握分寸与之相处,如何调动她们的工作积极性。这样,在与她们交往时,就可以避免许多不必要的误会。

第四章
对异性，坚持谨慎的交往关系

不要把女性下属看作花瓶

驼鸟抬头看见天上有一只鸟飞得很高很高，直入云端。

驼鸟问旁边的喜鹊说："这是谁飞得那么高？"

喜鹊回答："这是老鹰啊。"

驼鸟摇着头说："绝不会是它，去年我亲眼看见它连起飞也不会，飞一段，跌跌撞撞的，真把人笑死了。"

喜鹊说："你怎么用去年的眼光看今年的事情呢？你自己不会飞，就不相信鹰会飞吗？鹰今天已成为鸟类中最能飞的一个了。"

驼鸟不相信喜鹊的话，它认为喜鹊是专门胡说八道的。但刚才那只高飞入云的鹰这时向下飞来，当它雄健的翅膀掠过驼鸟的眼前时，驼鸟惊呆得说不出话来。

在你的企业中，也有许多"学步小鹰"般的女性下属，此刻你把她们当成了摆设。其实，你如果能够试着欣赏她们，就会发现，这些女性下属其实很出色！

不少的男性高层主管，对于女性下属不是鄙视，就是把她们当花瓶供着，欣赏而不使用。这对那些职业自尊心极强的女性下属而言，不啻为一种侮辱！从某种意义上说，男性高层主管把女性下属当花瓶看待是对她们人格的一种践踏。

我们时常看到一些高层主管，将女性工作人员捧得高高在上。相反地，

也有一些人则始终坚持孔子"唯女子与小人难养也"的观念,认为"女职员只晓得坐在椅子上当花瓶,如果夸奖她,立刻就得意起来,而稍微一骂就哭,不管她则又……"像这两种人的观念,都有所偏差,同时也落伍了。

其实,坐在椅子上当花瓶的人,并不只有女性,男性亦大有人在。事实上,这句话是针对那些不负责任、没有干劲的工作人员而发明的形容词。若对女性工作人员说出这类的话,则无异是对女权运动的一种藐视。

此外,也有人说:"我不让女性担任困难或吃力的工作"或者"让她们担任有责任的工作,万一出事时,不是很可怜吗"以及"她们随时都可能辞职,所以我总是分配给她们一些可以随时找人替代的小工作"。

像这类高层主管,有些女性会以为他们是"很会替人着想的经理",但有能力、充满干劲的女性,就大不以为然了。

女人的武器是眼泪和无言的抗拒,高层主管若是因此而采取"敬鬼神而远之"的态度,反而容易造成男女间的不平等。总之,对女性也要如同对男性一般分配任务,并指导她们如何发挥潜在的能力。大多数女性是有足够的能力担当与男性同等重要的工作的。当然,也有不能胜任的,你可以按照她们个别的能力,来分派工作的轻重,这样,总比一开始就拒她们于千里之外要好得多。

仅仅做到不把女性下属当花瓶还不够,你还要学着去欣赏这些女性下属。当然,这里的"欣赏",不是欣赏女性下属的花容玉貌、温柔多情,而是欣赏女性下属的才干和品质。

"女人多的地方,是非便比较多。"

"女人比较小气,心胸狭窄。"

"女人情绪化,忽冷忽热。"

若你认同上述的观点,那么管理女性下属将是相当头痛的事。因为好说是非会令公司的人事关系变得复杂,令同事之间互不信任,结成小圈子,难以上下团结一致;而小气、心胸狭窄,则往往不愿担当较多的工作,在划分工作时,闹得不愉快,或者会眼红其他同事获得奖赏而攻击人;情绪化则影响工作气氛及效率。

其实上述缺点并非女性专利,一些缺乏自信的男性也有上述的缺点。

反之,与有同样缺点的男性比较,管理女性下属会容易一些,因为女性太想被人喜欢、被人爱。

如果你能让她们感到被欣赏、被喜欢,她们便会觉得你的教训是一种指导。反之，便会认为你摆官架，无理取闹，因而怀恨在心。

同时，女性会下意识地维护喜欢自己的人。如果她们觉得你对其有好感（不一定是异性相吸那种好感），她们便会处处维护你，尽力协助你，并且会是极为悉心的下属。

不过，她们的感觉十分敏锐。如果你假意欣赏她们，她们很快便会感觉得到，于是便开始讨厌你的虚伪，不能忠心于你。因此，做经理的要学会从正面去欣赏人。假如发觉下属小气，可从另一角度去看，小气的同时往往是做事小心，在小节方面谨慎罢了；而情绪化也同时是感觉敏锐、直觉力强。

事实上，每个人都必定有优点和缺点。假如能时常从正面去欣赏下属，将更能引发她们的潜能，而她们也会报答你的"知遇之恩"。

男性高层主管对女性下属常会产生许多管理上的困难。对于这个问题，最好的解决办法，就是设置女性主管，让女人来管理女人，这样就会方便很多。

女性领导与男性下属相处之道

真正的领导人采取行动是因为他们深信,可以正确引导那些释放出来的力量去达到重要目的,而不是一直态度谨慎,并因此而受到奖励。

——特德·列维特

现代女性在公司中身居高位的已不在少数。那么,在日常相处中,女性高层主管应当怎样应对男性下属呢?

西方有句谚语:"女人是礼仪的守护者。"表现出优雅的礼仪,能让你不论在处事或待人接物上皆能得心应手。以下几点可供身为女性高层主管的你作参考。

(1)应与男性下属共同遵守公司所定的规则,不要有例外。

(2)对每位下属都应和蔼可亲,对部属不颐指气使。

(3)无论出席任何场合,皆应准时。

(4)训练自己具有良好的组织能力。

(5)处理事情应有充分的准备,并掌握时效。

(6)应具有幽默并知如何适时运用,懂得适度自嘲。

(7)不会因褒奖男性下属对公司的贡献而忸怩。

(8)知道如何优雅地感谢男性下属的协助。

(9)培养丰富的自我想像力,但避免成为吹牛大王。

(10)了解管理阶层构架,但不要尝试超越它。

第四章
对异性，坚持谨慎的交往关系

（11）公私分明，不要浪费太多办公时间谈论家庭或爱情生活。

（12）对男性下属的妻子应特别友善，如此在某些场合出现时，才不会对男性下属的妻子造成压力（偶尔有公司职员的妻子会对在她丈夫工作周围出现的其他女人吃醋）。

（13）避免说粗话。大前提当然是男女都不应该说粗话，尤其不管我们处于怎样"男女平等的世界"，都要记住女性说粗话比男性说粗话更令人讨厌。

（14）不因自己的过失而责怪他人。

（15）在后辈面前尽力做个能引发共鸣的启蒙者和典范。

（16）因私人或家里的急事而缺席时，对于在工作上给予协助的下属，事后应为他付出的时间和努力表示感谢。

（17）在对话、发言与文章中，记住感谢帮助过自己的人。此外，前面提过，女性高层主管在商场上要赢得部属的信服较为不易。所以女性高层主管除了要更有礼貌及更努力工作以证明自己的工作能力外，还要注意一些细节。

除此之外，在与男性下属相处时，还应注意以下6个原则。

（1）拿出高层主管的权威。

做一个成功的职业女性，会面临着多方面的压力。除了性别歧视，还面临着男性下属不愿服从的麻烦。作为女性高层主管，你要对他只会用软功，苦口婆心，他会看扁你。因此，对待这类男性下属，没有必要处处谦让，而应拿出上级的权威，让他感到你不是"吃素的"。当然，若能恩威并举，是最有效的。

（2）培养自己的独立性。

如果说在私下交往中，你还可以得到男人的关心爱护的话，那么在工作中则根本不可能得到男性下属的礼遇。要是你能干，男性下属反而会有受威胁的感觉，否则他又会嗤之以鼻。因此，女人在工作场所里，尽管能得到男人口头上的诸多关照，但一到实际情形，则没有谁会真心帮助你，唯一能依靠的只有你自己。

（3）不要伤害男性下属的自尊心。

你一定要明白，男人总是自信天下第一、无所不知、无所不能。这种自尊心实际非常脆弱，一遇到女人威胁到他的存在，便会产生抗衡心理。所以你若想在一个现代的世界里站稳脚跟，就必须懂得在适当的时候维护一下他们的自尊，并夸奖他们一两句。但要记住：这种夸奖要有分寸。否则别人可能误会

你对他有意，而令你们尴尬。

（4）在相处中寻求共同点。

男性下属面对职业女性时，常常手足无措。因为他所面对的女性，既是同事，又是个女人。在这种情况下，你应设法消除他们这种心理，努力寻求建立一个共同点，产生共鸣，使相处变得容易。要想达到这个目的，先要知道这个人的喜好，方可对症下药。如果双方都喜欢听音乐，那你们便有了一个共同的话题，大家也可以自然地谈公事以外的事了。

（5）征求男性下属的意见。

征求男性下属的意见也是一种赞赏。因为这表示你重视他的见解和经验，令他觉得他存在的重要性。你征求男性下属的意见时要注意：在公司，极不适宜和男性下属商量纯私人性的问题，如家庭、丈夫、男朋友的问题等，除非你和他私交相当不错。

当然，诸如你想买汽车、投资股票或购买房子，又知道他在这方面有研究，就可以在轻松的气氛下（如午饭、下班后）向他讨教，保准会令他觉得你有眼光而对你友善，以后也会主动向你提出建议。

（6）不要在男性下属面前流眼泪。

女性很容易用哭来要求想要的东西。但在一个工作的环境里，这种女性化的情绪表现却是不能容忍的。虽然这一哭，可能会立刻得到同情，但这只是一刹那间的事。从长远的眼光来看，这不但有损你的威严，也会对你的事业形象有害。在有些情况下，男人能接受某些女人的眼泪，但对一位高层主管却绝对不能。

在与男性下属相处时，请时刻记着你不仅是女人，更是领导。下属们更希望看到你铁腕、果决的一面，而不是柔弱、温婉的一面。

第三篇　领袖魅力，用好软实力

　　人们通常认为，领导者是通过自己拥有的权力来实现对被领导者的领导的。这种领导是硬性的。而成功的领导者应该通过其人格魅力和才华等非职务影响力来实现领导作用。作为高层主管，非职务影响力的大小对其领导地位的作用和保障是至关重要的。只有"以德服人"而不是"以权压人"，才能形成团结一致的企业团队。

第一章
领导素养：个人素质决定影响力高低

作为企业管理者，要想获得众人的支持和敬重，拥有最强的影响力，就需要以能力证明自己。你的个人素质就是你纵横职场的成功资本。因此高层主管必须认识到，如何凭自己的能力，获得下属的不断认可和信赖是一个必须思考的问题。

第一章
领导素养：个人素质决定影响力高低

把高层主管的威信发挥到极致

> 成功的领导者是能够影响别人，使别人追随自己的人。
>
> ——巴特

高层主管要树立威信，是因为高层主管不同于众人。普通大众只要干好自己的事就可以，不用借助威信去带领别人做什么。而高层主管不然。高层主管不树立起威信，就无法起到"领头羊"的作用，无法依靠众人取得成功。

有人用"领导＝能力＋威信"来概括现代高层主管的特征，突出说明了能力与威信是构成高层主管的要素。要成为一个优秀的高层主管，除了拥有超群的能力，还需拥有非凡的领导气质。这种领导气质，我们通常称之为威信。

威信，可以说是高层主管头上的光环。失去了它，再有能力的高层主管在众人眼中也显得一无是处、黯淡无光。

一般来讲，所谓领导，其实就是把威信发挥到极致，影响众人合作，依靠众人实现目标的一种身份。正如印度圣雄甘地所说："领导就是以身作则来影响众人。"

威信是指高层主管在人际关系中，影响与改变众人心理与行为的能力。人们常常把高层主管的威信视为"无言的号召，无声的命令"。那么高层主管如何才能获得真正的威信呢？

（1）以"德"立威。

"德"是指领导的道德、品行、作风、思想政治品格和道德品格。我国自

古就崇尚有德之人。高层主管只有心正、言正、行正、身正，正气凛然，才会赢得敬重，才能成为众人的贴心人。"德之不端，其谋拙出，其本损焉"，众人对于在"德"上有问题的高层主管是从不宽恕的。

（2）以"智"立威。

"智"是指高层主管的理论水平。作为一名高层主管，理论水平如何会直接影响威信的高低。理论水平高的高层主管往往具有较多的真知灼见，其思维敏锐、洞察力强、抓问题准、办事周到，众人钦佩他、拥戴他；相反，腹中空空、孤陋寡闻的高层主管，不会拥有很高的威信。

（3）以"能"立威。

"能"是指高层主管的领导能力，包括思想教育能力、宣传鼓动能力、用人处事能力、观察分析能力、联系众人能力、创新开拓能力等多方面。高层主管能力的强弱决定着其威信的高低。能力强的高层主管能维护好众人的团结，发挥出集体的战斗力、调动起众人的积极性、处理好周围的关系，能使集体中的每个人佩服他、信任他，从而服从他。

（4）以"行"立威。

"行"是指高层主管要率先垂范，干出实绩。"上有所为，下必效之"，讲的就是这个道理。高层主管敢说"看我的""跟我来"，众人才会跟你干。干出实绩是将工作落实到位，做出成果，让众人感受得到。否则，"务言而缓行，虽辩必不听"。搞花架子、形式主义，必失信于人。

（5）以"和"立威。

"和"是指高层主管要与众人"打成一片"，以情带"兵"。"和"有两种：一种是"宽"，就是要对下属"动之以情，晓之以理，导之以行"，进行"软"处理；另一种是"猛"，就是对一切违反原则的，要绳之以"法"，众人才能"明其威"。威信成于民心，存于民心，这就要求高层主管加强锻炼，严于律己，防微杜渐。

（6）"威"从"信"来。

高层主管的威信是在与众人的血肉联系中逐步形成的，是受众人信任、支持、拥戴的集中体现。从一定意义上讲，这种威信是众人树立的。由此可见，"威"和"信"是密切相连的，"威"从"信"中来。如高层主管"威"而不可"信"，那么，"威"也不会持久。然而，一些高层主管却忘记了这一点。居高临下，盛气凌人，或者沽名钓誉，自命不凡，凭着想当然和个人意志办事；或者吹吹拍拍，拉拉扯扯，自我贴金。这些官僚主义作风是同联系众人的作风根本对立，格格不入的。上述问题不解决，高层主管的威信是难以提高的。

（7）要相信群众。

作为高层主管应该懂得，如果不关心群众、脱离群众，那么，"权威"越大，威信则越低。因此，高层主管应养成相信群众、依靠群众、关心群众的良好习惯，要自觉地放下架子，甘当群众的小学生，做到思想上视群众为主人，感情上视群众为亲人，工作上当好员工的"仆人"。这样，威信自然会树立起来。

（8）要令人信服。

关心员工也要制度化和规范化。由此，形成心中装着群众，处处为着员工，树立为员工解难题、办实事的良好风气。通过建立定期接待、走访、谈心等制度，关心群众生活，体察员工的疾苦，努力为他们办实事，帮助他们解决工作和生活上的困难，用实际行动树立起良好的形象，确立令人信服的领导威信。只有这样，你说的话员工才听、才信、才服，你才能真正地依靠他们。

智慧分享

有威信的领导者，他的言行容易在人们心目中占有重要位置，他对下属的影响力就大。因此，要成为一名优秀的高层主管，就应首先通过优秀的表现树立威信。

让自己胜任不同角色

  个人权威与个人特有的品质、特点紧密相连。你的人格、你的合作者、你控制的信息构成你个人权威的基础，这些因素能使你对某些后果产生影响并增加你的回旋余地。

——史蒂芬·柯维

  身为一位高层主管，如果要做好分内工作的话，必须善于学习，能够努力扮演好多个角色。

  （1）一个好的高层主管必须是个策划人。

  一个好的策划人必须了解各个构成计划功能的要素，这些要素可以归纳为六点：

  ①预计未来的工作量；

  ②审定工作，使其朝向某一特定的目标；

  ③决定必须完成的工作；

  ④决定如何完成工作；

  ⑤决定从何处着手；

  ⑥决定何时着手。

  当然，你还得经常不断地督导计划的实施，使每件事都能依计划进行，若有错误应立即改正。

  （2）一个好的高层主管必须是个协调人。

组织中，监督人的主要职责之一就是把要做的工作与现有的资源密切地配合，这对一个监督人来说是需要很高的技巧的。在资源日趋匮乏，而工作日益繁重的今天，这种配合工作特别重要。通常监督人需要一位助手协助完成这种工作。因此，高层主管须划分阶段及范围，以便协调。而这份工作通常也由部属去执行。

（3）一个好的高层主管必须是个推动人。

一个组织中的成员，一旦被派任某项特殊职务或去执行一项重要任务时，整个机构就会生气盎然。所以，监督人员大部分时间都花在自己如何保持组织内较高工作效率上面。高层主管尤其要调动一切积极因素以使工作符合自己的目标，同时又符合整个机构的目标。从研究结果中，我们发现部属的工作绩效大半靠监督人员的激励。因此，监督人员要能为部门制造良好的工作环境，提供升迁机会以及其他能吸引具有发展潜力的部属和提供良好工作绩效等条件。

（4）一个好的高层主管必须是个设计人。

高层主管愈来愈需要改变和创新，因此，他必须在这方面不断推出新构想、运用新技术。不过因为高层主管每天都要解决许多复杂的问题，也就忽略了这方面的职责。他应该不断地革新，这样不但可使部属打破常规，对外界的改变及考验更具信心，而且还可随时修正各项程序、计划目标及作业等以配合客观条件。

（5）一个好的高层主管必须是个沟通人。

在组织关系中，大家愈来愈注意管理方面的密切联系，而且都在研究如何才能更有效而准确地相互沟通意见及思想。因此，领导者都把注意力集中在发掘那些阻碍资料、意见等在整个机构中"畅流"的真正原因。"畅流"的主要目标是要传递及接收完整而精确的资料，同时整理出机构中共同的意见及应循的方向。如果实施得法，便可更能促进成员与成员、部门与部门之间的相互了解。此外，一个好的监督人还要不断地分析及督导所管辖部门，使意见及资料确能畅通无阻。这也是考验各级监督人员的一种方式。

（6）一个好的高层主管在许多情况下也必须是个老师。

虽然训练部属是特定人员的事，但是有些训练，除监督人员外，别人是不能替代的。因为监督人员与部属间的关系特殊，其训练方式和使用的教材都与训练专家截然不同。其主要职责之一是训练能干的部属使其具有发展潜力。但是，监督人只是发现人才是不够的，一定要使这个"人才"愿意接受训练才行。

（7）一个好的高层主管必须好学不倦。

如果想要做一个好老师、监督人，必须先是个好学生。监督人员必须不断学习新技术及新方法，绝不可以为自己已经受过良好的训练而耽误学习。因为这种训练可能隔一段时间就会落伍，而新的技术、方法却都是他从未运用过的。客观而言，教育和训练对我们的生活都很重要。教育可以扩展一个人的知识领域，使生活更为充实；而训练可以为以后的工作做准备。因此，领导人或监督人必须先接受良好的教育和训练，然后才能教育和训练部属。

（8）一个好的高层主管必须是个决策人。

高层主管的职责及功能发挥到高峰，便是下决心。他运用一切管理学上的方法和技术，其目的也在于做一个正确的决定。而每一个人做决定的方法和程序都不尽相同。因此，监督人员必须把这些方法和程序"系统化"，才能适时做出精密的决定。"系统化"地下定决心也就成了领导者个人修养和生活方式中很重要的一环。其方法是把例行公事让部属去执行，监督人员才有空余时间去解决复杂而困难的问题。不过高层主管不应替部属作有关例行公事的决定，他应该与部属直接讨论问题，最后授权给最底层的负责人去做决定，但仍应负成败之责。因此，高层主管常常是紧张而孤独的。但是对于那些有勇气、有干劲、有才能和训练有素的人，他们所得到的报酬是成功的滋味、受人景仰和个人的欣慰与满足。

智慧分享

企业高层主管应当不断地学习，不断地突破自己直到把平时的积累化作自己的工作能力。这样一来，你的视野将更宽，工作将更加得心应手，你也必将因此获得下属的赞誉。

第一章
领导素养：个人素质决定影响力高低

打造优秀高层主管的十项基本功

有一只猴子见过世面，知道的道理深而广，因此被大家选定为大王。不管谁有什么弄不清的事情，都愿意去问它。

有一天，鸭子问猴子，小河上那个旋转着的木轮是什么？鸭子说，如果是车轮，它理应向前走，而不是原地转动。

"那叫水磨。"猴子打了个呵欠伸了个懒腰，"水冲打在木轮的槽上，推动了木轮，草房里的石磨就转动起来。南方有些地方也用这个方法舂米。"

"可是，木轮是立着转的，而石磨是平躺着转的呀！"鸭子仍旧有所疑惑，语气中多少有点不服气。

"这……"猴子确实弄不清石磨为什么平躺着转，于是只好含含糊糊地说，"石磨太重了，所以平躺着转。"

"可是，为什么要把石磨设计得那么重呢？"鸭子更奇怪了。

"因为，因为，他们找不到更轻的东西了。"猴子慌乱地回答。鸭子和其他小动物们都看了出来，原来猴子根本就不明白，于是大家都一边嘲笑猴子，一边离开了。

作为企业高层主管，如果你不想像寓言中那个被下属嘲笑并失去威信的猴子一样，那么就应该不断自我磨炼，掌握高层主管必备的基本技能。

（1）要富有想像力。

学习和观察是想像力产生的基础平台。现代企业竞争就表现在"不怕做不

到，就怕想不到"。想像力可以帮助企业高层主管收集、获取大量信息，并把这些信息运用到企业的经营决策中去。

（2）要善于交际。

交际是一种传统的沟通方式，交际能力在未来快节奏的工作环境中，是必不可少的。企业高层主管在人际交往中听得认真、写得明白、说得清楚、叙述准确，将有无可估量的价值。

（3）要善于演讲。

企业的高层主管可以通过演讲来表达他的真实想法，对员工起到激励作用。企业高层主管出色的演讲能力在未来更多的人际交往中将是必不可少的。在企业内部，要通过演讲来传达企业信息；在企业外部，要通过演讲来吸引更多商机。成功的企业高层主管往往是那些懂得如何表达思想，能够得到别人理解和支持的人。

（4）要具有出色的筹划能力。

企业的大小事宜，例如企业人力、财力、物力的调拨，工作流程的设计，市场营销策略的制订，寻找盈利机会等，都离不开筹划。一个成功企业高层主管的出色的筹划技能将是企业的重要财富。

（5）用人技巧。

企业管理以人为本，已被现代企业家所认同。在企业内部如何发挥人的作用将成为了新世纪企业管理的首要问题——人可以创造一切。

（6）面对困境要镇定自若。

面对困境要有处理危机的能力。对公司处于繁荣时期的高层主管和使公司摆脱困境的高层主管的要求是不同的。对于后者，特别要求其具有临危不乱、处理危机游刃有余的能力。也许善于处理危机的人并不适合在公司处于繁荣时期担任高层主管，但是在公司处于困境时，则必须要选拔、任用善于处理危机的人。

（7）善于变革。

临危受命的高层主管必须具有较强的变革能力，或者说，他应该是一位具有新观念、新思维的改革领袖。这样的人才可能抓住公司症结所在，才可能有勇气、有魄力，大刀阔斧地改革。

（8）要精于预算。

不可否认，企业是以获取最高利润为目标的。项目投资决策前需要预算，项目完成后需要结算。新世纪企业高层主管拥有良好的计算能力有助于其制订出可行的投资决策。

（9）要具有科学的决策技能。

决策是企业高层主管应具备的基本技能，也是企业经营成败的关键因素，成功的企业高层主管必须具备科学的决策技能。

（10）自学技能。

随着科学的不断进步，知识需要不断更新。企业高层主管由于工作性质决定，将不可能有更多时间脱产深造，自学将会是企业家获取新知识的重要途径。

只有具备了这十种基本技能，你才算得上是一个合格的领导者，也才能够在企业中站稳脚跟。

智慧分享

　　高层主管必须以实际能力向下属证明自己是一个优秀的管理者。做到了这一点，下属才会佩服你、尊重你，并乐于服从你。

脚踏实地才能获得下属配合

有一个人,他养了一只青蛙。

一天,这个人对青蛙说:"我们就要发财了,我将教会你飞!"

"等一等,我不会飞呀!我是一只青蛙,而不是一只麻雀!"

但这个人却不理会青蛙的想法。

第一天飞行训练,这个人非常兴奋,但是青蛙却很害怕。这个人解释说,他们住的公寓一共有15层,青蛙从第一层开始,从窗户向外跳,每天加一层,最终达到15层。说完他毫不犹豫地打开第一层楼的窗户,把青蛙扔了出去。

第二天,准备第二次飞行训练的时候,青蛙再次恳求主人不要把自己扔出去。这个人依旧不理会,只听见"啪"的一声,青蛙又被扔了出去。

第三天,青蛙调整了自己的策略,即拖延。但是它的主人对此早有准备,他拿出一张进度表,指着表说:"你肯定不想破坏训练的进度,对不对?"于是青蛙知道,今天不跳仅仅意味着明天跳两次而已。

不能说青蛙没有尽其所能。第五天它给自己的腿加上了副翼,试图变成鸟;第六天,它在自己脖子上戴了一个红色的斗篷,试图把自己变成"超人"。但这一切都是徒劳。到了第七天,青蛙只好听天由命,它瞄着楼下的一个石头角落跳了下去。

青蛙被摔得像一片叶子一样瘪。

第一章
领导素养：个人素质决定影响力高低

主人对青蛙极其失望。现在，他唯一能做的事就是分析整个过程，找出什么地方错了。经过仔细的思考，他笑了："下次，我一定要找一只聪明的青蛙！"

作为高层主管不能只忙于制订宏伟的蓝图，重要的是脚踏实地，并且重视员工的意见，否则只会招致事业的失败和下属的背离。

彼德尼·鲍斯公司与信件和文件复印机公司是曾经十分相似的两家公司。他们有着几乎一样多的员工，相近的收入与利润，股市行情也相差无几。两家公司都在各自的领域保持着几乎垄断的地位，有着相当固定的客户群。彼得尼·鲍斯公司从事着邮政服务业务，而信件和文件复印机公司则经营复印机生意。同时，两家公司又都面临着失掉垄断地位的危机。无论从哪一方面看，这两家公司都没有太大的不同。

但是，到2000年时，彼得尼·鲍斯公司已经拥有三万名员工，总资产已超过了40亿美元；而信件和文件复印机公司却只有670名员工，总资产还不到一亿美元。对于股东而言，彼得尼·鲍斯公司的业绩比信件和文化复印机公司高出了3581倍。两家公司现在已经明显不同了。那么，到底是什么使他们产生了这么大的差距呢？

彼得尼·鲍斯公司主管佛雷德·珀杜说过这样一番话："当你掀开石头，看到下面那些龌龊的东西，你要么把岩石放下，要么就告诉自己，你的任务就是要掀开石头，看到这些龌龊的玩意儿，尽管这可能会使你感到非常恶心。"不仅是珀杜，从彼得尼·鲍斯公司的任何一位主管那里都可以听到类似的话。这反映了他们敢于面对现实，实事求是的态度。

彼得尼·鲍斯公司面对现实的态度也可以从公司的会议中体现出来。在新年过后公司的第一次经理会议中，通常是15分钟用于回顾上一年所取得的骄人成绩，2个小时的时间则被用来讨论新的一年中即将面临的困境。从这个时间分配上就可以看出该公司对现实的注重。彼得尼·鲍斯公司的销售会议也与其他大多数公司不同，该公司的会议中没有那么多过分夸大的自吹自擂。从直接与顾客接触的销售人员到经理的每一名员工，都会直接面对问题与挑战。该公司设有专门的论坛，在那里，人们可以直抒己见，任何一名普通员工都可以向高层主管指出问题，也可以当面批评他们，提醒他们注意。这种情况十分多见，这已经成了彼得尼·鲍斯公司的一个传统。

与此形成鲜明对比的是，信件和文件复印机公司太缺少这种面对现实的精神了。当然，这与该公司的高层主管人有直接关系。信件和文件复印机公司有一位个人魅力十足、富有远见卓识的领导人——洛依·艾施。他自称是"大公司的创立者"，曾经通过一系列的几乎可以称为赌博的收购活动，建立了这家公司。但是，从此以后，公司就逐渐走向了衰落。

作为CEO的洛依·艾施要在信件和文件复印机公司实行一些大胆的设想。但那些设想是只有IBM、施乐、柯达这样的大公司才会有的。而对于一家只经营过信封、复印机业务的小公司来说，实在太不切实际了。有大胆的设想这件事本身并没有错，但艾施对他的那些近似幻想的计划执迷不悟，他拒绝面对现实。他坚持从那些还在赢利的部门抽出现金，一方面破坏了正常的业务运作，同时又把资金浪费在错误的投资上。这就注定了他的计划会遭到失败。而且失败的将不是他一个人，整个公司都跟着他遭了殃。

毫无疑问地，董事会后来解雇了艾施，但公司也随即宣告破产。

其实，艾施也的确是千方百计地想领导公司走向辉煌。但是他太无视那些现实了，以致于他的计划实际上几乎是荒谬的，他本人也在完全实施这些计划之前就遭到了解雇。

管理者在很多时候是企业的风向标。有一个良好的氛围，让自己的下属勇于说出事实的真相，这样广开言路，也就更有助于管理者认清并面对现实。如果管理者十分自负、妄自尊大，对于与自己观点不符的人一律强制打压，那么久而久之也就不会有人说话了，这样的高层主管也就失去了对下属的影响力。

作为企业高层主管，必须学会面对现实，脚踏实地地管理企业，这样下属才能真正做到相应的配合。如果总是做一些不切实际的事，又不懂得接受来自下属的意见，那么就会陷入败局。

第一章
领导素养：个人素质决定影响力高低

喜怒不要太过外露

　　一位称职的管理者，总是能够在面临棘手问题时，果断决策。

　　　　　　　　　　　　　　——约翰·博格

　　无论何人，只要在社会上混过一段时间，便多多少少会练就察言观色的本事。他们会根据你的喜怒哀乐来调整和你相处的方式，并进而顺着你的喜怒哀乐来为自己谋取利益。你也会在不知不觉中，意志受到别人的掌控。如果你的喜怒哀乐表达失当，有时会招来无端之祸。

　　因此，高明的高层主管一般都不随便表现这些情绪，以免被人窥破弱点，予人以可乘之机。

　　越是精于权术的人，城府便越深。

　　事实上，喜怒哀乐是人的基本情绪，世界上根本没有那种心如止水的人。

　　没有喜怒哀乐，这种人其实蛮可怕的，因为你不知道他对某件事的反应、对某个人的观察。让人在面对他时，有一种不知如何应对的慌乱感。

　　其实，没有喜怒哀乐的人并不存在，他们只是不把喜怒哀乐表现在脸上罢了。对于高层主管来说，在人际交往中，做到这一点很重要。所以，要把喜怒哀乐藏在心里，别轻易表现出来给别人看。

　　高层主管一旦让情绪失控，就容易为人所看穿，以至于受到拨弄，而导致作出错误的决策。

　　事实上，任何情绪都有负面影响。不善于控制情绪的人，随时随地都有

可能让情绪"冒"出来。高层主管从事管理工作,如果把情绪的负面影响带进来,会使对方不知所措,无法理喻,最终造成误解和隔阂。因此,高层主管应该有自控能力。有效地控制情绪,才能保持人际关系的平稳发展,把自己的工作做好。

人的一切心理活动,都带有一定的情绪色彩。情绪有三种基本状态。一是心境。心境是一种具有渲染性的、比较微弱而又有持久性的情绪状态,如"人逢喜事精神爽""忧者见之而忧,喜者见之而喜"。心境对人的工作学习以及生活都有很大影响。积极良好的心境,有利于积极性的发挥,提高效率;消极不良的心境,使人萎靡不振,郁郁寡欢。二是激情。激情是由于生活中有重大意义的事件所引起的一种强烈而又短暂的情绪反应。激情有积极和消极之分。一个热爱科学的人,就有刻苦攻关、勇于攀登高峰的热情。这种积极的激情,可以成为巨大的动力。但情绪激动也会使人的认识活动范围缩小,分析问题和控制行为的能力减弱,做出一些失去理智的事。因此,我们要加强意志锻炼,克服消极的偏激情绪。三是应激。应激是指在遇到急性强烈的刺激或逐渐加大的慢性刺激以后人的反应和适应情况。人对应激常见的情绪反应为恐惧、抑郁、愤怒、自怜、敌意和失助感。

作为高层主管就要学会克服自己的情绪不让愤怒表现出来。

德川家康曾说:"外来的敌人固然可怕,内部的人造反了,更可怕!"如果一名高层主管动辄迁怒,他的下属势必难有信心替他工作,也许他心里会想:"在这样的高层主管手下做事有什么意思呢?"喜欢发脾气的人,远比无能的人更容易招致失败。因此,身为高层主管,首先要警惕自己不要轻易生气,德川家康上面所说的那句话,正好为此做一最好的注解。

高层主管是做什么的?最大的目标就是领导你的下属自动自发地工作。假使你轻易表现你的愤怒,下属对你的热诚和信心,就无法维持长久。这样一个不能自制的人,对于组织的前途,将是一大威胁。

高层主管在下属面前表露自己的情绪好恶,是最愚笨的统御方法。像这样单纯活在自我意识中的人,并非适当的高层主管人选。

如果你是这样的高层主管,一些本来就比较消极的下属,很容易受你情绪的干扰,而不敢积极做事。无论如何,这对组织而言总是一大损失。而工作情绪的低落,更会使组织遭受严重的挫折。身为高层主管,如果动辄指责下属,很可能会失去人心,带来无穷的问题。所以高层主管要学会自控,要善于

第一章
领导素养：个人素质决定影响力高低

控制好自己的怒气，有时候给自己上一把"锁"也是必要的。

因此，高层主管必须努力做到"喜怒不形于色"，亦即尽量压抑个人的感情，而以冷静客观的态度来应对事情，这种性格的人才配做高层主管。

这种性格至少有三大优点：

（1）当组织内部遭遇困难时，如果高层主管露出不安的表情或慌乱的态度，便会影响到全体员工。一旦根基动摇，就会带来崩溃。这种情况下，如果能保持冷静、若无其事的态度，最能安抚民心。

（2）在对外交涉时，具有从容镇定、成竹在胸的风度。如果把持不住露出感情，如同自亮底牌一般，容易被对方控制，而屈居下风。

（3）在官场上，不轻易表露自己的观点、见解和喜怒哀乐，被称为"深藏不露"，这是古今中外的高层主管用以控制下属的一种重要方法。历来聪明的当权者一般都喜欢把自己的思想感情藏起来，不让别人窥出自己的底细和实力。这样部下就难以钻空子，就会对高层主管感到神秘莫测，就会产生畏惧感，也容易暴露自己的真实面目。高层主管如同在暗处，下属如同在明处，控制起来就比较容易。

高层主管平时就要注意修身养性，克服冲动，不要凭一时意气行事，不要让自己的情绪直白外露。这样你才能成为下属的"主心骨"，成为可以信赖的领导。

以口才展现领袖魅力

　　言语之力，大到可以从坟墓唤醒死人，可以把生者活埋，把侏儒变成巨人，把巨人彻底打垮。

——海涅

　　口才往往能体现一个人的魅力，好口才也是成功的一种资本。因此聪明的领导者一定会认真磨炼自己的表达能力。

　　演讲时要说得准确、简洁、动人。

　　高层主管的演讲能力是其口才、学识等方面的综合展示，一定要做到准确通顺，这是对高层主管口才表达最基本、最起码的要求。如果想说的意思是这个样子，对方听了却变成了另外一个样子；或是高层主管说了一大篇，语无伦次，颠三倒四，表达不清到底要说些什么，又哪里还有什么口才可言呢？要通顺达意，让人听得明白，不产生误解，关键在于用词准确。如果用词不准确，表情达意就会走样，甚至适得其反。

　　所谓准确，就是要明确地而不是含糊不清地把话说出来，将所要传递的信息准确快捷地输送到对方的大脑里。而要做到这一点，高层主管必须在平日注意词语的积累，在自己的头脑里建立起一座语言的仓库。"仓库"里要储藏丰富，应有尽有。每当自己要说话的时候，这些词语就如凤仙花种子似的，弹跳而出；或者像喷泉似的，喷涌而来。一旦讲话时就得心应"口"，左右逢源。有了丰富词语储备的基础后，根据口才表达的需要，还要精心地选择最确切、最恰当的词语，正确地反映客观事物，恰当地揭示客观事理，贴切地表达主体的思想感情，准确地传递各种信息，做到"情通达意"，每个字、词、句都用得妥帖、适当，恰如其分。这样，下属一听就能准确无误地理解高层主管的本意，双方思想感情的交流也就有了必要的前提和基础。

怎样做到用词准确？首先，高层主管要思路明确。高层主管的口头表达能力是对客观事物与事理规律性条理化的反映。只有思想明确、思路清晰，知道自己在讲什么和怎样讲，才能表达得清楚明白。如果高层主管事先没有想好，思想处于混乱模糊状态，那就肯定表达不清楚、不准确。其次要真正弄懂每个词语的确切涵义和它使用的范围，否则，不是用错词，就是用得不恰当，甚至闹出笑话来。

怎样才能语句通顺？所谓语句通顺，就是能通畅顺当地表达出所要表达的意思，这主要是关于造句方面的问题。语句通顺，包括两方面的要求：一要符合语法规范，二要符合逻辑。只有达到这两方面的要求，才能使思想成为有条理和可以理解的东西。否则，思想就是一堆杂乱无章、不可理解的碎片，哪里还谈得上表情达意和交流思想呢？

除了演讲外，在与员工谈话时也应注意技巧。

（1）要善于激发员工讲话的愿望。

谈话是高层主管和员工的双边活动，员工若无讲话的愿望，谈话难免要陷入僵局。因此，高层主管首先应具有细腻的情感、分寸感，注意说话的态度、方式以至语音语调，旨在激发员工讲话的愿望，使谈话在感情交流的过程中完成信息交流的任务。

（2）要善于启发员工讲实话。

谈话所要交流的是反映真实情况的信息。但是，有的员工出于某种动机，谈话时弄虚作假，见风使舵；有的则有所顾忌，言不由衷，这都使谈话失去意义。为此，高层主管一定要克服专制、蛮横的作风，代之以坦率、诚恳、求实的态度，并且尽可能让对方在谈话过程中了解到你所感兴趣的是真实情况，并不是奉承、文饰的话，消除对方的顾虑或各种迎合心理。

（3）要善于抓住主要问题。

谈话必须突出重点，扼要紧凑。一方面，高层主管本人要以身作则，在一般的礼节性问候之后，便迅速转入正题，阐明问题实质；另一方面，也要员工养成这种谈话习惯。要知道，多言是对信息实质不理解的表现，是谈话效率

的大敌。

（4）要善于表达对谈话的情趣和热情。

正因为谈话是双边活动，一方对另一方的讲述予以积极、适当的反馈，能使谈话者更津津乐道，从而使谈话愈加融洽、深入。因此，高层主管在听取员工讲述时，应注意自己的态度，充分利用一切手段——表情、姿态、插话和感叹词等——来表达出自己对员工讲的内容感兴趣和对这次谈话的热情。在这种情况下，高层主管微微的一笑，赞同地一点头，充满热情的一个"好"字，都是对员工谈话的最有力的鼓励。

（5）要善于掌握评论的分寸。

在听取员工讲述时，高层主管不应发表评论性意见。若要作评论，应放在谈话末尾，并且作为结论性的意见。措词要有分寸，表达要谨慎，要采取劝告和建议的形式，以易于员工采纳接受。

（6）要善于克制自己，避免冲动。

员工在反映情况时，常会忽然批评、抱怨起某些事情，而这在客观上又正是在指责高层主管自己。这时高层主管要头脑冷静、清醒，不要一时激动，自己也滔滔不绝地讲起来，甚至为自己辩解。

（7）要善于利用谈话中的停顿。

员工在讲述中出现停顿，有两种情况，须分别对待。第一种停顿是故意的，它是员工为探测一下高层主管对他讲话的反应、印象，意在引起高层主管作出评论而做的。这时，高层主管有必要给予一般性的插话，以鼓励他进一步讲述。第二种停顿是思维突然中断引起的，这时，高层主管最好采用"反向提问法"来接通原来的思路。其方法就是用提问的形式重复员工刚才讲的话语。

智慧分享

谈吐代表了一个人的精神、智慧和学识修养。而对于高层主管来说，通过谈话或演讲来展示自己的能力、策略水平都是非常重要的。谈吐有障碍或表达能力差，往往会给人留下不好的印象。

第二章
领导品格：以完美人格展现领袖魅力

拿破仑曾说过：一个以狼为首领的羊群，可以打败一个以羊为首领的狼群。首领的重要性不言而喻。高层主管作为企业的首领，要想把企业管理好，其本身就必须具有优秀的个人品质和独特的魅力，只有如此，才能对员工产生不可抗拒的感召力和影响力。

心胸宽广才有凝聚力

不管你怎么猜测怎么怀疑怎么困惑怎么不理解，反正这是一个事实：鸭成了百鸟的头儿。

这天，百鸟都来朝拜，鸭头戴王冠高高地坐在王位上，嗓音嘶哑但不失威严地说："听说各位都挺有本领，本王今天倒要亲眼看一看，会飞的，会跑的，会唱的，会跳的，谁有什么绝活儿，都拿出来露一露。本王任人唯贤，决不埋没人才！"

三通鼓响，只见能飞的腾空而起，擅跑的绝尘而去，会唱的引吭高歌，爱跳的舒臂劲舞……

一声锣鸣，百鸟纷纷回到鸭王身边，左右两行，一字排开。

鸭王清了清嗓子说："为人之道，须脚踏实地，温文尔雅，谦虚平和，老成持重。而你等之辈，擅飞的好高骛远欠踏实，擅跑的性情急躁欠平和，擅舞的行为不检欠文雅，擅歌的言语轻佻欠稳重……"

鸭王没有往下说，因为它发现，百鸟都离开了……

身无特长而又心胸狭窄的鸭子，永远也无法成为真正的领袖，因为它不能欣赏下属的长处，聚合众人的优点。在一个企业中，高层主管如果想建立起自己的权威，就必须拥有宽广的心胸。

俗话说，"将军额上能跑马，宰相肚里能撑船"，这是容人的最高境界。那么，高层主管容人究竟容什么？

第二章
领导品格：以完美人格展现领袖魅力

（1）容人之长。

人各有所长，取人之长补己之短，才能相互促进，事业才能发展。刘邦在总结自己成功经验时讲过一段发人深省的话："运筹帷幄之中，决胜于千里之外，吾不如子房；安国家，抚百姓，给饷银，不绝粮道，吾不如萧何；统百万之军，战必胜，攻必取，吾不如韩信。此三者，皆人杰也。吾能用之，所以取天下也！"善于用人之长，首先是容人之长。萧何月下追韩信、徐庶走马荐诸葛，这些容人之长的典故早已成为千古美谈。相反，有的人却十分嫉妒别人的长处，生怕同事和部属超过自己，而想方设法进行压制，其实这种做法是很愚蠢的。

（2）容人之短。

金无足赤，人无完人。一般来看，越是在一个方面有突出才能的人，往往在另一个方面的缺点也越明显，正所谓"有高山，始有低谷"。人的短处是客观存在的，容不得别人的短处势必难以成事。"鲍管分金"的故事就很耐人寻味。春秋时期，鲍叔牙与管仲合伙做生意，鲍叔牙本钱出得多，管仲出得少，但在分配时却总是管仲多要，鲍叔牙少要。鲍叔牙并没有觉得管仲贪财，而是认为管仲家里穷，多分点没关系。后来鲍叔牙还把管仲推荐给齐桓公，辅佐其成就霸业，管仲也因此成为著名的政治家。

（3）容人个性。

由于社会出身、经历、文化程度和思想修养各不相同，所以人的性格各异，因此容人根本上来说就是能够接纳各种不同个性的人，这不仅是一种道德修养，也是一门领导艺术。具有容人个性，才能善于团结各种不同个性的人共同协调工作，从而充分发挥个人的主动性、积极性和创造性，推动事业的不断发展壮大。

（4）容人之过。

"人非圣贤，孰能无过"。只要我们宽容他人过错，激励他改过自新，他便会迸发出无限的创造力，一心一意为企业、为社会拼搏努力，做出自己的贡献。

（5）容人之功。

别人有功劳，应该感到高兴，千万莫心胸狭窄，害怕别人的功劳大了对自己构成威胁——"功高盖主"。需知，有功之人，对企业、社会做出贡献，也就是领导的光荣。

（6）容己之仇。

这是容人的极致，是一种高尚的品德。齐桓公不计管仲一箭之仇，任用管仲为大夫，管理国政而成就霸业。魏徵曾劝李建成早日杀掉秦王李世民，后来李世民发动玄武门之变当了皇帝，不计前嫌，重用魏徵。魏徵为李世民出了不少治国安邦的良策，才有了贞观之治。

处变而不惊，以不变应万变，以宽容对待狭隘，以礼貌谦恭对待冷嘲热讽，不将心思牵于一事一物，不将一丝哀怨气恼挂在心头，这是作为高层主管理应具备的容人雅量。

古语云："宰相肚里能撑船"。对于现代人来说，领导的肚子里要能跑火车才行。对于具有不同脾气、不同嗜好、不同优缺点的人，你要学会去团结他们，因为你是一位领导者，你必须具备一颗平常心。

如果你的下属看不起你，不尊重你，并且和你闹别扭，甚至你吃过他的亏、上过他的当，你仍要摆好自己的位子，去团结他。

也许你会说："我也曾试图这样做，但是我就是做不到。"

是的，这样做，也许对你来说有些太苛刻了。但是你想一想，如果有一天你走进一家百货商店购买商品，或者到一家理发店接受服务，服务员对你的态度温暖如春，你自然是心情舒畅，十分满意。但是，如果对方是一副冷冰冰的铁板面孔，话语寒人，对你的合理要求不理不睬，进而声色俱厉，你又会如何应对呢？

这种情况下，生气是难免的。但是，如果你每每遇到此类情况，就和对方大吵大闹一场，最后以自己悻悻离去而收场，冷静下来，仔细想一想，难道你不该扪心自问：这样两败俱伤，又何必呢？

其实仔细考虑一番，事情就是这么简单。

领导者只有敞开胸怀，团结各种类型的人，包括那些与自己有过节、有矛盾，甚至经常对你评头论足、抱怨不止的人，才能群策群力、集思广益，使自己所在单位的事业和自己的工作与日俱升。

那么，怎样才能成为一个胸怀博大的高层主管呢？

最主要的原则是厚人薄己。能够允许别人犯错误和乐于接受犯过错误的人的高层主管一定是高明的高层主管，但这并不就是真正有胸怀的高层主管。真正有胸怀的高层主管是那种能够接受别人缺点的人。缺点与犯过错误不是一个相同概念。缺点是一种缺陷，它也许一生都改不掉。接受别人的缺点意味着

第二章
领导品格：以完美人格展现领袖魅力

你可能时时都要被对方的缺点干扰，却还要心平气和。这不是一件很容易做到的事情。而错误则可能是一时疏忽造成的，能够允许别人犯错误的高层主管不一定能够允许别人一生的时间里都有某种缺点。人有要求完美的本能，但所有人又不可能是完美的。企业是一群有各种各样优点的人聚合在一起，同时也是一群有各种各样缺点的人聚合在一起的团体，这就要求人们必须互相包容。如果一位高层主管仅仅能允许别人犯错误，却不能接受别人有缺点，我想无论如何我们也不能将其归到胸怀广阔之列。从这个角度去看，除去通常意义上的厚人薄己之外，高层主管更需要修炼的厚人薄己是否就是接受别人的缺点和改正自己的缺点呢？我们习惯说，领导者要能容人，其实所谓容人就是接受别人的缺点存在。否则，宰相肚里就撑不了船。

其次是决策果断，勇于承担责任。高层主管是什么角色呢？是当家的，是做主的。从他的角度去分析其工作内容，一部分是与人有关的，我们不妨称之为管理；一部分是与事有关的，我们权且称为决策。这两大部分几乎就是高层主管的全部工作。我们有足够的理由要求高层主管决策时一定要谨慎从事，谋定而动。但这仅仅是一个问题。而关键时刻，如果高层主管瞻前顾后，患得患失，则难以想像这样的高层主管能够统领一支高素质的员工队伍。

智慧分享

领导者必须拥有宽广的心胸，善于求同存异，虚心听取来自下属的意见和建议，不要总是对一些小事斤斤计较，更不要对一些陈年旧事念念不忘。沧海不择细流才能成其大，这对领导者应该有所启示。

不做"站着指挥"的高层主管

高层管理不等于高高在上。

——张瑞敏

企业中,一些高层主管往往习惯于"督阵的角色"。而事实证明,如果高层主管不是"站着指挥",而是"干着指挥",那么他将更能获得下属的爱戴。

艾斯纳是迪斯尼公司的一位CEO,他对于高层管理有着自己独到的见解。艾斯纳经常在公司领导中强调:"我们是什么样的人和我们做什么样的事,两者一样重要。"

在迪斯尼的一次财务绩效会议上,与会员工都在谈论着公司的财务状况和资产报酬状况。艾斯纳忽然说道:"两星期前,我到巴黎迪斯尼乐园,发现爱莉丝梦游奇境不够刺激,我们该怎么做?"这样一个和会议主题看起来毫不相干的问题让员工们手足无措,但其实艾斯纳想表现的,是一个任何问题都可以在会议上受到公平对待的态度。"我们彼此坦白、探究、督促,把公司当成互有关联的整体看待。"艾斯纳说,"爱莉丝梦游奇境的品质当然会直接影响公司的资产报酬率。"

艾斯纳还要求公司领导要时常和普通员工在一起,要学会读出员工的身体语言,看清他们说话时的眼神,还要求所有的领导要用电子邮件与员工沟通。"随时待命。"艾斯纳说。

迪斯尼的分公司遍及全世界。作为CEO,艾斯纳不可能像在小公司中那样，和所有的员工保持联系，接触的重点于是就放在了40个左右的主要领导人身上。艾斯纳经常带着他的管理团队在全球的迪斯尼主题公园四处走动，并且要求这些领导也能和他们手下的员工随时保持接触。艾斯纳说，"一个组织之所以伟大，是因为优秀的领导品质能扩散到整个管理阶层，而不只是在最高层主管。"

与员工经常保持接触，对员工进行指导和提醒也是艾斯纳常做的。

在一个大公司里，有些好主意经常因为稍有瑕疵、或因为组织的官僚习气而无法实现。这时候，作为一个领导人，艾斯纳会提醒手下的员工去完成工作。"有时候，好主意、好员工需要的只是一个不停提醒的人。"艾斯纳说。

一天夜里，艾斯纳路过一个正在施工的观众台时，碰到一个保安员。那个保安员完全没有参与施工，却向他谈了许多施工上的细节和错误。第二天艾斯纳回到办公室，马上写纸条给手下的经理，让他们提升那个保安员。接下来很长一段时间，艾斯纳每隔两个星期都会向他的手下询问那个保安员的情况，直到保安员得到适当的提升为止。

艾斯纳要求自己和手下能经常提醒别人完成一些重要的事情。"我的团队是一个超级提醒人。"艾斯纳略带自豪地说。

身为高层主管如果仅仅是"站着指挥"，慢慢地就会与下属产生一种无形的距离，甚至一道鸿沟，指挥就会失去威力，甚至会完全失灵。试想，一个几十人甚至十几人的单位，那里的领导也仅仅是发号施令，不亲自动手，下属会拥护他、亲近他吗？

"干着指挥"对下属的影响，在两种情况下力量最大。一种是在高层主管担子最重的时候能选择最艰苦的工作与下属一起干。这其中道理不言自明。另一种是能参加一些极平常的劳动，比如打扫卫生、装订文件、整理报纸等，或者一些突击性的活动。从分工来说，这些活当然属于下属工作人员，但你绝对不要认为与自己无关。当你有时间的时候或者"就势"帮助下属做这些事情，你会给下属一种自重感，使他们感到你看重他的工作，尊重他的人格。同时，你又会给下属一种亲切感，使他感到你没有架子，平易近人而愿意在你的手下工作。

　　作为一名高层主管,对于自己、对自己所从事的工作有一个清醒的认识这是最基本的要求。也许你身处高层,但这并不意味着你就高高在上,吆五喝六地只是发布命令。要使自己所领导的公司卓越不凡,你就应以身作则。时常与员工接触,倾听他们的想法是必需的,这也有助于你了解各方面的情况。

第二章
领导品格：以完美人格展现领袖魅力

幽默管理提升个人魅力

预先构思好的幽默往往显得笨拙，灵机一动的幽默往往更加精妙。

——刘心武

在工作过程中打破沉闷，运用幽默和玩笑并不是好玩的把戏，而是一种活跃团队气氛，增强高层主管亲和力的管理手段。

美国历史上的许多重要人物，比如林肯、罗斯福、威尔逊等，都是幽默的人。有一次，林肯与一位朋友边走边交谈，当他们走至回廊时，一队早已等候多时、准备接受总统训话的士兵齐声欢呼起来。那位朋友还没有意识到自己应退开，这时，一位副官走上前来提醒他退后，这时他才发现自己的失礼，立即涨红了脸，但林肯随即微笑着说："白兰德先生，你要知道也许他们还分辨不清谁是总统呢！"就这么简简单单的一句话语，立刻打破了现场的尴尬气氛。

人应该善待自己，善待他人，善待生活中的失败、痛苦，甚至身体的缺陷。如果你换个角度去看，用轻松的心态去对待，也许能使你的生活充满亮色，使你本来忧郁的心情像满天的乌云被吹散一样明朗。美国一位身材肥胖的女政治家曾在竞选演讲中自我解嘲："有一次我穿上白色的泳装在大海里游泳，结果引来了苏联的轰炸机，他们以为发现了美国的军舰。"引得听众哈哈大笑。结果，肥胖成为她的特点，使她在竞选中处于优势。

竞争的加剧，经济的动荡，企业员工面对着超乎寻常的压力。对公司而言，如何保持员工的士气，同时又能激发他们的创造性和"突破桎梏的思维"

显得比任何时候都重要。

运用幽默进行管理,管理者往往可以取得很好的效果。一些著名的跨国公司,上至高层主管下到一般部门经理,已经开始将幽默融入到日常的管理活动当中,并把它作为一种新的培训手段。

人人都喜欢与幽默的人一起相处。在西方,没有幽默感,简直就是没魅力、愚蠢的代名词。幽默的主管比古板严肃的主管更易于与下属打成一片。有经验的主管都知道,要使身边的下属能够和自己齐心合作,就有必要通过幽默使自己的形象人性化。那么,怎样才能使自己成为一个幽默的主管呢?

博览群书,拓宽自己的知识面。知识积累得多了,与各种人在各种场合接触就会胸有成竹,从容自如。

培养高尚的情趣和乐观的信念。一个心胸狭窄、思想消极的人是不会有幽默感的,幽默是属于那些心胸宽广,对生活充满热忱的人。

提高观察力和想象力,要善于运用联想和比喻。作为一名企业主管,要有意识地训练自己对事物的反应和应变能力。多参加社会交往,多接触形形色色的人,增强社会交往能力,也能够使自己的幽默感增强。

世界最大的零售企业沃尔玛的创始人山姆·沃尔顿曾向他的员工们提出一个挑战——倘若员工们能在财政年度内实现创纪录的利润,那么,他将在华尔街上跳草裙舞。结果,员工们实现了不可思议的收益,山姆先生真地穿着草裙当众在美国金融中心跳舞。

又比如开心幽默的气氛还可以化解在企业裁员过程中出现的各种阴郁气息。例如当美国欧文斯纤维公司计划解雇40%员工,该公司专门聘请了幽默顾问,利用两个月的时间对1600多名员工施行了幽默计划,在公司内开展了各种幽默活动。结果,在裁员过程中没有出现公司所担心的聚众闹事、阴谋破坏、威胁恫吓等可怕后果。

幽默作为管理者的一种优秀、健康的品质,恰如其分地运用会激励员工,使之在欢快的氛围中度过每一天。当然幽默是一种创造性的本领,要随机应变,根据对象、环境以及当时的气氛而定,不要随意幽默。

例如在一个正式的会议上,当你的下属在发言时,你突然冒出一两句逗人的话,也许大家被你的幽默逗笑了,但发言的那位下属心里肯定认为你不尊重他,对他的发言不感兴趣。

除此之外,你还可以尝试一下下面的建议:

（1）给员工寄出一些幽默卡片，缓和压力；

（2）将你所发现的一些有趣的信息及时发给同事；

（3）在喝咖啡或员工休息处挂一张幽默布告牌，鼓励员工在上面张贴有趣的东西和图片；

（4）会议开始时讲5至10分钟办公室笑话或有趣的客户经历。

　　幽默说到底，是一个人智慧的表现，是修养、学识、品格等方面才识的结晶。切莫小看那些即兴发挥的三句两句简短的幽默的话，它蕴涵着言者平时勤奋好学、博览多识、日积月累的心血。一个管理者只有平时善于学习，善于观察，善于积累，不断充实和丰富自己，才能真正学会幽默的艺术。

以表率树立威望

　　沙漠戈壁，日夜温差竟是这么大。中午，野狗们还被晒得伸着舌头直喘气。入夜，狂风骤起，温度一下子降到零下十几摄氏度，野狗们冻得直打哆嗦。照这样下去，不用等到天亮，大家非冻死不可。

　　野狗头领顶着寒风站起来，召集大家向一个地方集中。

　　在野狗头领的指挥下，野狗们一个紧跟着一个排成一队，把头埋在两爪之间，让身子尽量紧贴在地面上。野狗头领则迎着刺骨的寒风在队伍的最前面，用自己的身体掩护着后面的伙伴。

　　狂风卷着沙粒不停地打在它的脸上、头上、身上，像鞭子抽一样疼痛难忍，但它一动也不动地坚持着。它知道，身后的同伴们都靠它挡风御寒。它多坚持一分钟，伙伴们就多一分安全。

　　半个小时过去，它几乎就快要被冻僵了。这时，一只健壮的狗从队伍的末尾爬到队伍的最前面，把头夹在两爪之间，顶着狂风趴下来。它接替野狗头领，为伙伴们避挡着刺骨的寒风。

　　半个小时过去了，又一只狗爬到队伍的最前面，把头夹在两腿之间趴下来，替换下趴在最前面的那一只狗。

　　肆虐的狂风呼号了一整夜，野狗们为伙伴挡风御寒的交替也持续了一整夜。它们一个接一个爬到队伍的最前头，任凭风鞭不断地抽打，没有一个往后退的，没有一个怕死怕苦的。

　　太阳升起来了，又一个温暖的白昼降临大地。野狗们抖抖身上的风

第二章
领导品格：以完美人格展现领袖魅力

沙跳了起来。

这夜，野狗无一伤亡。

具有牺牲精神的野狗头领的所作所为，赢得了野狗们的拥护与爱戴，并齐心协力渡过了难关。榜样的力量是巨大的。在企业中，如果高层主管能够在必要时发挥表率作用，也必将获得下属的支持。

艾柯卡就任美国克莱斯勒公司高层主管时，公司正处于一盘散沙状态。他认为经营管理人员的全部职责就是动员员工来振兴公司。在公司最困难的日子里，艾柯卡主动把自己的年薪由100万美元降到1000美元，这100万美元与1000美元的差距，使艾柯卡超乎寻常的牺牲精神在员工面前闪闪发光。榜样的力量是无穷的，很多员工因此感动得流泪，也都像艾柯卡一样，不计报酬，团结一致，自觉为公司勤奋工作。不到半年，克莱斯勒公司就成为拥有亿万资产的跨国公司。

一个公司处在了困境中，高层主管要挺住，下属也要挺住。只有这样，公司才能走出困境。而当公司处于困境时，高层主管尤其要身先士卒，做好榜样，带给下属自信与保障。如果高层主管自己就先乱了阵脚，手足无措，可想而知，你的下属能不打退堂鼓吗？

正人先正己，做事先做人。高层主管要想管好下属必须以身作则。不但要像艾柯卡那样勇于替下属承担责任，而且要事事为先、严格要求自己，做到"己所不欲，勿施于人"。一旦通过表率树立起在员工中的威望，将会上下同心，大大提高团队的整体战斗力。得人心者得天下，做下属敬佩的高层主管将使管理工作事半功倍。

榜样的力量是无穷的。与其喊破嗓子，不如做出样子。只有以身作则，以实际行动去影响人、激励人，才能起到事半功倍的效果。如果不学无术，夸夸其谈，说得多，做得少，就会使下属失望，挫伤下属的积极性，增大团队"离心力"。

"其身正，不令而行，其身不正，虽令不从"。以自己的行动去带动别人，实际上也是对越轨行为的无声批评，其效应是正面批评无法代替的。

不要向你的部下说教——这非但一点用处也没有，反而会使情况变得更糟。你要求他们怎样做，你自己也要那样做。在日常生活方面，你将会很惊讶地发现，有很多下属模仿你的生活方式。一位高声吼叫、不注重个人外表的领

导,将拥有一个只会高声吼叫,而且外表邋遢的团队。你的团队就是你自己的反映。

自我牺牲是管理才能中的必要条件。你时时都在付出、牺牲。你必须在肉体上要求自己担任时间最长、最困难的工作,并且负担起最重大的责任。你必须每天早上最早起床,晚上最晚入睡。当其他人已经安然入睡时,你还要工作。在心理上,你要同情及谅解你部下的困难。例如,某位下属的亲人生病了,还有一位则因为投资失败而失去了一切积蓄。他们可能需要帮助,但更需要同情。不要犯这种错误说:你自己的麻烦已经够多了,拒绝帮助他们。你每这样做一次,就等于敲掉了你房子地基的一块石头。你的部下就是你的基础,长此以往,你的"管理才能"的房屋将会倒塌。你应该尽量经常自掏腰包照顾你部下的健康与幸福,或是帮助他们渡过难关。这样你的个人魅力就会大大增强。

行为有时比语言更重要。领导的力量,很多往往不是由语言,而是由行为体现出来的,聪明的领导者尤其如此。

第二章
领导品格：以完美人格展现领袖魅力

错误面前多承担一点责任

让公司问题成为你个人的问题。

——吉姆·基尔特斯

在这个世界上没有不需要承担责任的工作。你的职位越高，就越应勇于承担责任，这样你才能获得下属衷心的爱戴。

在海尔，只能说干部素质差，不能说普通员工的素质差。如果说员工素质差，那干部起什么作用？对此，张瑞敏有一句非常严肃的话："部下的素质低不是你的责任，但不能够提高部下的素质，是你的责任。"海尔善于寻找管理的薄弱环节，即"木桶最低的那一块"，从这一块抓起，以解决集团内部管理水平不平衡的问题。

1995年2月，海尔找到的"短木板"是洁厨有限公司的一位经理，跟她一分析起公司运作出现问题的缘由，她就直抱怨"人的素质太差"。集团领导不同意。为什么人的素质会低？姑且不说刚招来的新工人，就说大学毕业又出国培训过的技术人员，他们的素质不能说低吧，为什么这些原来在冰箱厂都是骨干的人偏偏到了洁厨公司后，干得反倒不如以前了？

张瑞敏一针见血地向她指出："员工的素质就是你的素质。"

"只有落后的干部，没有落后的群众。"这在海尔已成为经典，大家也口服心服。作为领导，没有抓好员工，就不能抱怨员工的素质。集团的干部分析说，如果领导并没有制订一套提高员工素质的培训机制和激励机制，并按

OEC原则做到日清日高，那么素质低的人永远不会自发地提高，素质高的人也会因为没有激励的氛围而渐渐变得素质低。话不说不明，洁厨有限公司的经理当然知道下一步从哪里抓起。

高层主管不是圣人，也经常有犯错误的时候，比如决策制订的错误、职务安排的不妥当、任务分配的不合理等。这些最终都可能会导致管理工作质量的下降，并且影响组织目标的实现。在面对这些错误的时候，高层主管不能回避，更不应该将责任转嫁到下属的头上，而是应该主动地去承担，方便时还应向全体下属做公开的自我检讨。当员工看到高层主管在错误面前的这种积极的态度的时候，他们更多的是关注高层主管的这种精神及其表现，而忽略了高层主管先前所犯的错误。所以说，高层主管敢于承担责任，能够使高层主管在不利的环境中更能获得员工的认同和赞美。

1980年4月，在营救美国驻伊朗大使馆人质的作战计划失败后，当时的美国总统吉米·卡特立即发表电视声明，表示承担一切责任。在此之前，美国人对卡特的评价并不高。有人甚至说他是"白宫的历史上最差劲的总统"。但是仅仅由于上面的举动，卡特的支持率居然骤增了10%。卡特总统的例子说明下属对上级的评价，往往取决于他是否有责任感。勇于承担责任不仅使下属有安全感，而且也会使下属进行反思。下属反思过后会发现自己做错的地方或者不足之处，并承担责任，公开道歉。

做下属的最担心的就是做错事。费了很大的力气非但没有成果，甚至还闯了祸，说不定还会弄个"吃不了兜着走"的下场。所以懂得如何收揽人心的上司，在下属闯了祸之后，首先会冷静地检讨自己，然后和他心平气和地分析整个事件。最后还让下属明白，自己永远是他的后盾，有事情，自己替他担着。要得到下属的爱戴与尊敬不是一天两天的事情，需要高层主管长期的坚持与努力。

高层主管这样做，表面上看是把责任揽在了自己身上，使自己成为受谴责的对象，实质上不过是把下属的责任提到上级管理者的层次，从而使问题解决起来容易一些。一旦公司里上行下效，形成勇于承担责任的风气，便会杜绝互相推诿、上下不团结的局面，使公司有更强的凝聚力，从而更有竞争力。

◀◀◀ 第二章
领导品格：以完美人格展现领袖魅力

高层主管在管理日常事务中自然会遇到各种各样的问题。是只找客观原因、一味推卸责任，还是省察自己、从自身找原因？也许推脱可以让你显得与此事无关，但你也会因此推掉下属对你的信任和支持。

平易近人才能服人

  员工不应只是被视作会用双手干活的工具,而更应该视为一种丰富智慧的源泉。

——山姆·沃尔顿

  塑造平易近人的形象,对于提升感召力是非常有益处的。
  人与人之间建立了良好的感情关系,便能产生亲切感。在有了亲切感的人与人之间,相互的吸引力就大,彼此的影响力就大。管理者平时待人和蔼可亲,平易近人,时时体贴关怀员工,和员工相处十分融洽,他的影响力往往比较大。如果管理者与员工关系紧张,时刻都要互相提防,那么势必会造成管理者和被管理者的心理距离。
  日本某矿业公司的一位高层主管在他年轻时,因为自己工作上急于求成,遇事常急躁冲动,把事情办得很糟,结果被贬到基层矿山去担任一个矿的矿长。到职时,在欢迎酒会上,由于他一不善喝酒,二不善辞令,以致被老职员们认为是一个不讲人情的上司,年轻的职员和矿工们对他更是敬而远之。他在矿里一度很被动,工作开展不起来。
  这样闷闷过了大半年后,在过年前夕,公司举办同乐会,大家要即兴表演节目。他这时在同乐会上唱了几句家乡戏,赢得了热烈的掌声。连他自己也没想到,那些一向对他敬而远之的部下们,会因此而对他表示如此的亲近和友好。此后他还在矿上成立了一个业余家乡戏团。从此,他的部下非常愿意和他

第二章
领导品格：以完美人格展现领袖魅力

接近，有事都喜欢跟他谈。他更加与部下贴心了，也由过去令人望而生畏的人变成了可亲可敬的人。在矿上无论一件多难办的事，只要经他出面，困难就会迎刃而解，事情定能办成。由此这个矿的生产突飞猛进。因为他工作有能力，而且如此得人心，后来他荣升为这个公司的高层主管。

他升为高层主管后，有一次在工厂开现场会，全公司的头面人物都出席了。会上大家都为本年度的好成绩而高兴，于是公司董事长的秘书提议使大家在高度欢乐中散会。她想出一个办法，即把一个分公司的副经理抛到喷泉的池子中去，以此使大家的欢乐达到高潮。董事长同意这位秘书的提议，就和这位高层主管打招呼，高层主管表示这样做不妥，决定由他自己在水池中来一个旱鸭子游水。

这位高层主管转向大家说："我宣布大会最后一个项目，就是秘书的建议，她叫我在泉水池中来一个旱鸭子戏水，我同意了。请各位先生注意了，我就此作表演。"于是他跳入池中，游起泳来，引得参加会议的几百人哄堂大笑……

事后董事长问他："那天你为什么亲自跳下水池，而不叫副经理下去呢？"

这位高层主管回答说："一般说来，常让那些职位低的人出洋相，以博得众人的取笑，而职位高的人却高高在上，端着一副架子，使人敬畏，那是最不得人心的了。"

一个管理者要将他的决策变成员工的自觉行动，单凭职位权力显然是不够的。即使是有能力方面的吸引力，在很多时候也是力不从心的。因为员工已经不再是传统意义上的经济人，而是渴望得到关怀的社会人。因此管理者要想使员工心悦诚服，为其所用，就要保证员工在感情上能和管理者心心相印，忧乐与共，以便管理者发挥感情的影响。对感情影响力的培养最为关键的因素就是要克服官僚主义的领导作风，做到从感情入手，动之以情，以取得彼此感情上的沟通。

人格影响力是指管理者在管理工作中，通过自己的品德素质、心理素质和知识素质在被管理者的身上产生影响的一种力量。其中品德素质是人格影响力的基础。管理者良好的道德、品行、作风往往会对员工产生潜移默化的作用。管理者的心理素质，是人格影响力的关键。在心理素质中，管理者必须具备丰富的情感，对员工充满热忱并关怀备至，这样才具有强大的人格魅力。而知识素质是管理者人格影响力的能源。在管理工作中，知识渊博、业务素质高的管理者自然会形成一股凝聚力，员工自然会信服管理者的管理。

著名人际关系学家卡耐基曾和美国最著名的传记作家伊达·塔贝尔小姐一起吃饭，他告诉她正在写有关如何对待下属的书。她告诉卡耐基，在她为欧文·杨罗写传记的时候，访问了与杨罗先生在同一间办公室工作了三年的一个人。这个人说他从来没有听过杨罗先生向下属下过一次命令。欧文·杨罗从来不说"做这个"或"做那个"，或者是"不要做这个，不要做那个"。他总是说，"你可以考虑这个"，或"你认为，这样做可以吗？"他在口授一封信之后，经常会问"你认为这封信如何？"在检查某位助手所写的信时，他总是说"也许我们把这句话改成这样，可能会比较好一点。"

人类有一种逆反心理，即越是强硬的命令，越是不愿意服从。同样是上司的命令，如果用商量的语气，便可以使下属不感被命令而乐于实行。

有一本介绍"心理技巧"的书其中介绍到，有一次在美国田纳西州的州长选举中，兄弟二人双双出马竞选。哥哥以精彩的演讲来扩大支持者的层面；相反的，弟弟却对于这些漂亮的姿态一概不采用。当他站在讲台上时，边摸着口袋边对听众叫着：

"你们谁可以给我一支香烟。"

结果是弟弟大胜。

选民们因为政治家的平易近人——朝普通百姓要香烟——而支持弟弟。

能够跟大人物这么近乎地打交道，在普通人看来是一件很荣耀的事。领导者有时故意作出某个举动，把自己降到普通人的地位，甚至通过语言的印象，使对方格外受尊重，这是借着立场的逆转，挑起对方的虚荣心。

总之，在工作场所，为了巧妙役使部属，不让他们把命令当命令，好好地挑起他们的自尊心，是非常必要的。

智慧分享

人类有一种逆反心理，即越是强硬的命令，越是不愿意服从。不断地命令下属只会招致下属的疏远。因而，高层主管应当让自己更加平易近人，尽量以非命令语气下命令，这样一来下属就会更乐意服从你。

第二章
领导品格：以完美人格展现领袖魅力

细心关怀征服人心

>如果我们有机会，给予那些平凡而普通的员工鼓励和奖励，促使他们尽最大努力，他们的成就绝对是无可限量的。
>
>——山姆·沃尔玛

高层主管在与下属相处中，应不失时机地采取行动，显示你的关心和体贴，这样做会使下属更加爱戴你。

素有"经营之神"之称的日本松下电器高层主管松下幸之助有一次在一家餐厅招待客人，一行六个人都点了牛排。等六个人都吃完主餐，松下让助理去请烹调牛排的主厨过来，他还特别强调："不要找经理，找主厨。"助理注意到，松下的牛排只吃了一半，心想一会儿的场面可能会很尴尬。

主厨来时很紧张，因为他知道请自己的客人来头很大。"是不是牛排有什么问题？"主厨紧张地问。"烹调牛排，对你已不成问题。"松下说，"但是我只能吃一半。原因不在于厨艺，牛排真的很好吃，你是位非常出色的厨师，但我已80岁了，胃口已大不如前。"

主厨与其他的五位用餐者困惑得面面相觑，大家过了好一会儿才明白怎么一回事。"我想当面和你谈，是因为我担心，当你看到只吃了一半的牛排被送回厨房时，心里会难过。"

可以想象，听到松下的说明，主厨会有什么感受。

时刻真情关怀部属感受的领导，将完全捕获部属的心，并让部属心甘情

愿为他赴汤蹈火。

作为企业高层主管，你不可能关怀到每个下属的饥寒冷暖，但你也应该适时、适当地做一些细致入微的事情，使下属能够充分感受到你对他们的关心。这不会占用你太多的时间，且所取得的效果却往往出人意料、令人鼓舞。如果你总是摆出一副官架子，遇到不愉快的事就露出满脸的不高兴，不屑于做或根本不情愿去做小事，那么，你的下属就会对你产生成见了。

那么，高层主管应该从哪些方面表现对下属的关怀呢？

（1）你要记住下属的生日，在他生日时向他祝贺。

现代人都习惯祝贺生日，生日这一天，一般是家人或知心朋友在一起庆贺。聪明的高层主管则会"见缝插针"，使自己成为庆祝会的一员。有些高层主管惯用此招，每次都能给下属留下难忘的印象。或许下属当时体味不出来，但当换了领导有了对比，他自然而然地会想到你。

给下属庆祝生日，可以送人红包，买个蛋糕，请吃顿饭，或送些鲜花，效果都很好。不妨乘机说几句赞扬和助兴的话，这样更能达到锦上添花的效果。

（2）下属住院时，领导一定要亲自探望。

一位下属住院了，高层主管亲自来探望时，说出了心里话："平时你在的时候感觉不出来你做了多少贡献，现在没有你在岗上，就感觉工作没了头绪，慌了手脚。安心把病养好，我等着你回来。"

有些高层主管对这种"小事"就很不重视。其实下属在住院时，往往会想到高层主管是否会来看望自己，并以此来判断高层主管对自己的重视程度。如果高层主管不来，对下属来说简直不亚于一次沉重打击，他会认为高层主管不重视自己。

（3）关心下属的家庭和生活。

家庭幸福和睦、生活宽松富裕无疑是下属干好工作的保障。如果下属家里出了事情，高层主管却视而不见，那么平时对下属再多的赞美也无济于事。

有一个公司，职工和高层主管大部分都是单身汉或家在外地，就是这些人凭满腔热情和辛勤的努力把公司经营得红红火火。该公司的高层主管很高兴也很满意，他没有限于滔滔不绝的口头表扬，而是注意到下属们没有条件做饭，吃饭很不方便，就自办了一个小食堂，解决了下属的后顾之忧。

当下属们吃着公司小食堂的美味饭菜时，能不意识到这是高层主管在为

第二章
领导品格：以完美人格展现领袖魅力

他们着想吗？能不感激领导的爱护和关心吗？

（4）抓住欢迎或送别的机会表达对下属的肯定。

调换下属是常常碰到的事情，粗心的高层主管总认为来去自由，愿来就来，愿走就走。这种想法其实很不可取。

善于体贴和关心下属的高层主管与口头上的"巨人"的做法也截然不同。当下属来报到上班的第一天，口头上的"巨人"也会过来招呼一下："听说你搞销售很有一套，来我们这里亏待不了你，好好把办公用具收拾一下准备上马！"

而聪明的高层主管则会悄悄地把新下属的办公桌椅和其他用具收拾好，而后才说："欢迎，大家都很欢迎你与我们同甘共苦。办公用品都给你准备齐全了，你看看还需要什么尽管提出来。"

同样的欢迎，一个空洞无物，华而不实；另一个却没有任何恭维之词，但高层主管的欣赏早已落实在无声的行动上，孰高孰低一目了然。

下属离开也是一样。彼此相处已久，疙疙瘩瘩的事情肯定不少，此时用语言表达高层主管的惜别之情不易到位，也不恰当。而没走的下属又都在眼睁睁地看着要走的下属，以及高层主管的表示。没走的人心里不免想着或许自己也有这么一天，高层主管是怎样评价他的呢？此时高层主管如果高明，不妨做一两件让对方满意的事情以表达惜别之情。

管理的根本是管心而不仅仅是管人，如果企业高层主管能从繁重的工作中抽出点时间去关心下属的生活，那么就一定会成为受下属爱戴的最优秀的管理者。

做一个公正无私的高层主管

  每个优秀的领导者都必先胸怀远大梦想。磅礴的远景为他们吸引别人的参与，提供了能量和动力。因此，清晰地规划蓝图，发挥梦想和雄心壮志的艺术，也就顺理成章地成为了领导艺术的核心。

——唐纳德·劳里

  深受下属欢迎的高层主管总是以大局为重，不计个人恩怨，充分地调动多数人的积极性，通过尽可能公正的行为来激发下属的积极性，从而使众人成为事业成功的保证。

  尽管高层主管的工作方法各不相同，但必须树立"站得直，走得正"的形象，才能大大有利于自己凝聚能力的加强。

  有好名声才有凝聚力，才能做到众望所归。因此，作为高层主管，不能不领会"站得直，走得正"的内涵。只有顾及下属对自己品质的评价，只有在下属面前树立一个"站得直，走得正"的形象，才能更好地立权树威，做到取信于"民"。中国人历来讲究以德服人，下属也希望他们的领导会是一个"站得直、走得正"的人。

  公正地评价每个人是优秀高层主管的一个共同点。为了评价下属，他们善于及时观察和做笔记。俗话说："好记性不如烂笔头。"下属的表现只有通过长期的工作才能体现出来。只有长期注意记录他们的行为，才能对他们真正有所了解。在掌握这些资料之后，当你通过手头的记录去表扬某些工作干得好，但又不被人注意的下属时,他们会备感欣慰,从而促使他们会努力地把工作做得更好;如果是批评某些下属干得不好,虽然他会在短时期内情绪低落,但很快就会了解你公正待人的做法,同时会重新认识自己工作中的不足,变后进为先进。

高层主管在管理中要做到公正无私,并非一件容易的事情。例如在分配工作时,不分难易地要求不同的工作在同一时间内完成,这种做法是很不公平的。不但当事人对你不满,其他人也会对你有看法。同时,如果高层主管管理两项以上的工作时,总是对自己较有经验或较感兴趣的工作表现得更为关心,那么此时从事另一项工作的下属就会感到高层主管对他冷落,不看重他,由此而心生怨恨,工作缺乏动力。因此,要想成为一个受下属欢迎的高层主管,就应妥善地处理好对下属的公正问题。

高层主管公正无私还表现在对下属的"论功行赏"上面。这种工作几乎是高层主管每天都要干的。受下属欢迎的高层主管,往往在论功行赏方面做得相当完美,能够充分地调动下属的积极性,形成人人争上游的局面,给企业带来无限的生机和活力。反之,如果论功行赏做得不好的话,不仅达不到刺激下属的预期效果,反而会造成灾难性的后果。例如,优秀的下属在工作中做出了相当大的贡献,但令人遗憾的是,他并没有得到与他做出的贡献相对应的奖赏,工薪、奖金都没有与贡献成正比例增长。而那些并没有做什么实际工作的人却得到了加薪、分红。任何正常的人都会非常自然地感觉到领导者对他的不公平,从而产生种种抵触心理。这种劳者不多得、使中坚力量产生抵触情绪的局面一经形成,单位的前途命运也就非常危险了。

作为高层主管,如果不能公正无私地开展工作,只注意到调动一部分人的积极性,就会不可避免地挫伤另一部分人的工作积极性。用人上的不公正,会引起大家的不满,这是一个单位能否实现平稳发展的重要问题。如果待人失当、亲疏不一,则会在不知不觉中重用了某些不该得到重用的人,而冷落了一些骨干力量,还会直接影响到单位的全局发展。因此,要想成为一名受下属欢迎并具有凝聚力的高层主管,就应该对所有的下属一视同仁。这样,不仅积极因素可以得到充分调动,一些消极因素也会受到刺激而转化为积极因素,进而深得人心的你,就能轻松自如地驾驭全局了。

智慧分享

　　公正无私的高层主管并非都一定受到下属欢迎，但受到下属欢迎的高层主管必定是公正无私的。无私才能无畏。当你成为一名公正无私的高层主管之后，公司的凝聚力就会大大增强，你就会成为一名优秀的高层主管。

第三章
领导风范：仪表礼节关乎领导形象

作为企业管理者，高层主管的个人形象直接关系到企业形象。不仅如此，你的仪表礼节还是你呈现给别人的第一张名片。你的性格品位、生活情趣，甚至职业素质和工作能力都会被他人读到。因此，只有注重形象，才能得到他人的信任和尊重。

高层主管的着装原则

美丽的相貌和优雅的风度是一封长效的推荐信。

——伊莎贝拉

身为企业高层主管,一定要塑造好自己的形象,恰当的穿着可以提升你的魅力,而不合适的穿着则会损害你的形象。

世界服装界公认的着装审美原则是TPO,即一切服饰的选择必须依照在什么时间(Time)、什么地点(Place)、什么场合(Occasion)穿着这三个条件来确定。TPO原则的概念,是日本男用时装协会(MFU)于1963年提出来的,当时恰好是在东京举行奥运会的前一年。他们希望能借助于奥运会期间的国际礼装来推进日本男装的时装化。TPO原则一经提出,便迅速传播,逐渐普及,传遍了全世界。目前,TPO原则已经脱离了最初推行男装时装化的原意,进而延伸到了包括男装、女装等在内的一切服饰文化,并形成了共识的着装原则。

(1)时间。

T(Time)指时间,是线型概念,泛指早晚、季节、时代等。早晚的服装因场合而有所不同:上班族工作时一般都穿着比较正规的服装,如特别职业或特殊款式的服装;而晚间则根据需要,或夜礼服,或休闲服,或居家服。四季的服装都有自己鲜明的特点:冬天的衣服要轻厚保暖,不能"为了俏,冻得跳";夏天的衣服要透气凉爽,不能像个"捂汗包";春秋是一年中的黄金季节,服装穿着的变化幅度大,最能展现出千姿百态。不同的时代,则更是有不同的

第三章
领导风范：仪表礼节关乎领导形象

服装式样，显示出时代的不同风格。我国历来享有"衣冠王国"的美誉，各个朝代的服饰都充分体现了各个时代的特色，百花齐放，美不胜收。

如果说古代服装的变化显示了每个朝代不同特色的话，那么，当代新潮服装最引人注目的特点首先就是款式的高速淘汰。许多流行服装款式的寿命只有3～6个月。换句话说，如果某种款式只在一个年度中流行，那它实际上只生存了一个季度；如果流行两年，也不过只生存了两个季度。这些新潮时装，永远是令人激奋，或让人困惑的景象。有的人穿上它光彩照人，有的人穿上它却丑态百出。因此，把流行时装简单地穿在身上是很不高明的，作为一个领导者则更是不可取的。

时髦，必须经过修炼。俗话说："穿衣，不在华丽在合体；化妆，不在浓妆在相宜；举止，不在做作在适度；风度，不在模仿在内涵。"对于新潮时装，最恰当的做法是保持一段距离，冷静观察，解读流行，对自己的形象作风格定位，对流行来个个性演绎。别具一格见风采，穿出品位，穿出气质，才能塑造出一个风度翩翩的领导者的形象。更有一些新潮时装，根本不适合领导者的身份和地位，绝不可问津。以新潮女装为例，现时街头经常可以见到上着宽松衬衣或毛衣、夹克，下套黑色羊皮短裙，脚蹬中帮皮靴的女郎。这种装扮被一些女士视为最"前卫"的打扮，殊不知在欧美国家，这种皮短裙及其附加妆式，已经成为色情服务行业的通用标志。这种穿着的造型中心是皮短裙，它为大腿的炫耀提供了契机：黑色粗厚的皮质与光滑细嫩的大腿肌肤，构成充满性挑逗的质感对比。因此只要认准皮短裙，就可以知道穿着者的身份。

（2）场合。

O(Occasion)指场合，是线面兼容的概念，体现着着装后服装的综合效果。戏曲界有句名言："穿破不穿错。"意思是说，什么人什么时候什么场合穿什么衣服，都要讲究适度。现代服装分为礼服、便服、职业服三大类型，不同的场合就要选穿不同的服装。

高层主管的身份决定了高层主管必须时刻将自己最好的一面呈现给外界，即使是穿衣打扮这类私事也成了公事，会受到众人的挑剔。一般情况下，高层主管只要按照TO原则着装就不会出现问题。

221

以优雅举止展示领导魅力

举止是映照每个人自身形象的镜子。

——歌德

高层主管形象魅力是其领导魅力的集中体现,因此高层主管在与人交往时不仅要注意衣着,还要注意自己的举止。优雅的举止会为你的个人魅力再加上一分。

高层主管需要注意哪些举止呢?

(1)头要平直。

自信而充满魅力的领导都是保持"头部平直"的人,其意义是思想清晰而合理。一些没有办法做到的人会被觉得是:想偎依在母亲怀里求安适,是脆弱的、随随便便的、过度殷勤的、习于哀求人的、失败的、愚蠢的,或疲倦的。

低着头给人的感觉是没有安全感、害羞、失败者。当一个人攻击、批评或是整他人时,被整之人十有八九是低下头来的。他看起来像是受害者,而攻击者就这样对待他。一个人低着头就是一种身体语言,像是在他的背后有个标记说"踢我一脚"。

一个头斜在一边的人也不见得好多少。你不会看到美国总统把脑袋倒向一边。一个斜着的头让人们觉得他是昏头转向的或是头脑简单的人。也可能被觉得是爱调情的、脆弱的,或是勾引人的——这也是为什么那些少女杂志登载的女人照都是把头斜向一边的。这是有身份的人士不希望有的形象。

无论是低着头或斜着头，给人的印象一定没有直着头好。

当你把头持平的时候，你给人的印象是：看起来更有控制力及有信心；表现得更精力充沛；有较好的位置来正眼看人。

（2）不要乱点头。

人们在聊天时有时会为了表示自己在倾听而乱点头，但这不是一种好的、有控制力的和有用的方式。乱点头的人总显得过分渴望或太急于讨好。你可以试试下列方法以便避免这种做法而仍然可以传达你的殷勤及了解：

①偶尔缓慢地、有深度地、有意识地点头。这种动作虽然简单却相当难做，需要经过一段时间练习后才会觉得自然。

②口头上的"点头"（也就是说，头仍保持平而不乱点，但口中可发出一种肯定的声音，如"嗯""喔"）。

③斜视或提升一边或两边的眉头，维持一两秒钟，同时把你的头部抬平。

（3）有礼的握手。

作为高层主管，你几乎每天都要与人握手，因此你必须通晓以握手来展现魅力的学问。

①尊重对方喜欢的空间与距离。

②握手的时候是手掌握手掌，而不是手掌握手指。

③跟与你握手的人讲话。

④握手的时间要稍长一点。

⑤握手要稳定，但不可太用力而让对方觉得不舒服。用点压力但不要好像攻击对方似的，试着去配合对方的用力程度而不要有凌驾于他的意图。

⑥如果你想传达额外的热情，可以用双手，把你另外一只手放在握着的手之上，或放在对方的手臂或肩膀上。

（4）专业的站姿。

站立时的姿态，最能体现个人的风度，因此一定要对此重视起来。

①保持放松而朝气蓬勃的姿势，眼睛平视，头部伸直。

②采取自然的或"预备"的姿势，两臂放松在身体两侧，可以随时做手势。勿把手插在口袋里，也不要两手交叉置于胸前。

③站得足够靠近对方而有亲切感，但不要太靠近以致产生压迫感。

④要站得直而不要斜靠在门上、墙边、讲台或家具上。站得直，使你看来坚定而自信。如果歪斜，你看来就不坚定，易于动摇。

⑤不要触摸自己，或者捡袖子上真的或假想的线头；不要去弄平衣服、拉紧裤腰带或摆正领带；不要去整理头发或摩擦双手。

（5）优雅的坐姿。

一位曾受到美国总统接见的某公司高层主管，谈到他与布什总统第一次会面时，强调了这点："当然我很紧张，但当我坐在那里（白宫椭圆形办公室）时就好像我是属于那里的一样。"

领导者的表现是一种能力，最主要的是无论他们在什么地方都显得好像属于那里一样。事实上在一个工作日的大部分时间里，我们或坐着，或正要坐下，或从座位上站起来——这包括开会、民众集会、求职面谈、工作餐会以及在上司、下属、同僚及对手面前等场合。人们看到你的坐姿，并根据所看到的对你作出判断。

虽然你没有花很大心思要去显露自己，别人却可以从你的坐姿中看出你的情形：紧张或轻松，有控制力或心慌意乱，有能力或无能，自我感觉良好或相反，自信或缺乏安全感。除非你控制自己的坐姿、坐着时身体的位置以及如何从座位上站起来，否则你就不会得到所期待的别人对你的回应。

那么如何控制自己的坐姿呢？

①靠近椅子；

②伫立一下；

③保持上下身平直和平衡；

④保持良好姿势，弯曲双膝有意识地降低身体；

⑤首先坐在椅子边上然后利用腿肌或手把身体推向椅背。

控制自己从座位上站起来的步骤，按上述相反顺序。当就座后，使上身——尤其是双臂——不呈左右对称的样子。可以这样做：只将一臂安放在椅把上，将另一臂放到椅背上；或伸一臂到另一张椅子或桌子上。

随着两手的不同放置，你马上显得比较轻松，而且对方也会变得比较轻松并更乐于接受你的意见。

优雅的举止是你建立信誉的基础。如果你能注意使自己的举止与身份相衬，那么，你就能给下属及周围的人留下难忘的印象。

第三章
领导风范：仪表礼节关乎领导形象

智慧分享

举止言谈是领导者智慧与魅力的集中载体，动作僵硬或手忙脚乱都会损害你的形象。因而在任何情况下身为高层主管的你都要放轻松，不要做出有损自己形象的、毫无意义的举止言行。

宴请与参加宴请的礼节

不应单纯仿效文明外形,而必须首先具有文明的精神。

——谕吉

作为企业高层主管,经常要宴请别人,或接受别人的宴请,因此掌握宴请的礼仪就是必须做好的事了。

首先,我们来看一下常见的宴请形式有哪些。

(1)宴会。

宴会为正餐,坐下进食,由服务员顺次上菜。宴会有正式宴会、便宴之分。按举行的时间,又有早宴(早餐)、午宴、晚宴之分。其隆重程度、出席规格以及菜肴的品种与质量等均有区别。一般来说,晚上举行的宴会较之白天举行的更为隆重。

①正式宴会。正式宴会十分讲究排场,在请柬上通常会注明对客人服饰的要求。对餐具、酒水、菜肴道数、陈设,以及服务员的装束、仪态都要求很严格。通常菜肴包括汤和几道热菜,另有冷盘、甜食、小菜。外国宴会餐前上开胃酒,席间佐餐用酒多为红、白葡萄酒,餐后再喝上一小杯烈性酒,通常为白兰地。我国在这方面做法较简单,餐前如有条件,在休息室稍事叙谈。如无休息室也可直接入席。席间一般用甜酒和烈性酒。餐后不再回休息室座谈,亦不再上饭后酒。

②便宴。非正式宴会,形式简便。可以不排席位,不作正式讲话,菜肴

道数亦可酌减。

（2）招待会。

①冷餐会（自助餐）。不排席位，以冷食为主，也可用热菜，连同餐具陈设在菜桌上，供客人自取。客人可自由活动，可以多次取食。酒水可摆放在桌上，也可由服务员端送。冷餐会在室内或在院子、花园里举行，可设小桌、椅子，自动入座；也可以不设座椅，站立进餐。根据主、客双方身份，招待会规格隆重程度可高可低，举办时间一般在中午12时至下午2时、下午5时至7时左右。这种形式常用于官方正式活动，以宴请人数众多的宾客。

国内举行的大型冷餐招待会，往往用大圆桌，设座椅，主宾席排座位，其余各席不固定座位，食品与饮料均事先放置于桌上。招待会开始后，自动进餐。

②酒会。又称鸡尾酒会，形式活泼，便于广泛接触和交谈。招待品以酒水为主，略备小吃。不设座椅，仅置小桌，以便客人随意走动。酒会举行时间于中午、下午、晚上均可。请柬上往往注明整个活动延续时间，客人可在其间任何时候到达和退席，来去自由、不受约束。

（3）茶会。

茶会是一种简便的招待形式，一般在下午4时（亦有上午10时）举行。通常设在客厅，厅内设茶几、座椅，不排席位。但如是为某贵宾举行的活动，入座时可有意识地将主宾同主人安排坐到一起，其他人随意就座。茶会对茶叶、茶具的选择要有所讲究，或具有地方特色。一般用陶瓷器皿，不用玻璃杯，也不用热水瓶代替茶壶。外国人一般用红茶，略备点心和地方风味小吃，也有不用茶而用咖啡的。

（4）工作进餐。

工作进餐按用餐时间分为工作早餐、工作午餐、工作晚餐，是现代国际交往中经常采用的一种非正式宴请形式（有时由参加者各自付费）。利用进餐时间，边吃边谈问题。此类活动一般只请与工作有关的人员，不请配偶。

如果是宴请别人，高层主管应当注意如下礼节。

高层主管一般在门口迎接客人。如为官方活动，除男女主人外，还有少数其他主要官员陪同主人排列成行迎宾，通常称为迎宾线。其位置宜在客人进门存衣以后进入休息厅之前。主客见面后，由工作人员引进休息厅。如无休息厅则直接进入宴会厅，但不入座。主宾到达后，由高层主管陪同进入休息厅与

其他客人见面。如其他客人尚未到齐,由迎宾线上其他官员代表高层主管在门口迎接。

高层主管陪同主宾进入宴会厅,全体客人就座,宴会即开始。如休息厅较小,或宴会规模大,也可请主桌以外的客人先入座,贵宾席最后入座。如有正式讲话,一般正式宴会可在热菜之后甜食之前由高层主管讲话,接着由客人讲。也有一入席双方即讲话的。冷餐会和酒会讲话时间则更灵活。吃完水果,高层主管与主宾起立,宴会即告结束。主宾告辞,高层主管送至门口。主宾离去后,原迎宾人员顺序排列,与其他客人握别。

家庭便宴则较随便,没有迎宾线。客人到达,高层主管主动趋前握手。如高层主管正与其他客人周旋,未发觉客人到来,则客人应前去握手问好。饭后如无余兴节目,即可陆续告辞。通常男宾先与男主人告别,女宾与女主人告别,然后交叉,再与家庭其他成员握别。

如果是接受宴请,那么对礼节就应当更加注重:

接到宴会邀请(无论是请柬或邀请信),是否出席要尽早答复对方,以便主人安排。对注有R.S.V.P(请答复)字样的,无论出席与否,均应迅速答复。注有"Regrets Only"(不能出席请复)字样的,则不能出席时才回复,但也应及时回复。经口头约妥再发来的请柬,上面一般注有"To remind"(备忘)字样,只起提醒作用,可不必答复。

出席宴请活动,迟到、早退都会被认为是失礼或有意冷落。身份高者可略晚到达,一般客人宜略早到达,主客退席后再陆续告辞。

进餐之前要把餐巾轻轻打开放在膝上,用完以后用左手抓起放在餐桌上,不要乱扔。进餐时要注意文明,吃东西要高雅。闭嘴咀嚼,不要狼吞虎咽,发出响声。喝汤时要一勺一勺地送入口中,不要端碗而饮。如汤、菜太热,可稍待凉后再吃,切勿用嘴吹。嘴内的鱼刺、骨头不要直接外吐,可用餐巾掩嘴,用手取出,或轻轻吐在叉上,放在菜盘内。吃剩的菜,用过的餐具、牙签,都应放在盘内,勿摆桌上。剔牙时,用手或餐巾遮口。

作为主客参加外国举行的宴会,应了解对方祝酒习惯,即为何人祝酒、何时祝酒等,以便作必要的准备。碰杯时,主人和主客先碰,人多时同时举杯示意,不一定碰杯。祝酒时注意不要交叉碰杯。在主人和主宾致辞、祝酒时,应暂停进餐,停止交谈,注意倾听,也不要借此机会抽烟。碰杯时,要目视对方致意。宴会上相互敬酒表示友好,活跃气氛,但切忌喝酒过量。喝酒过量容

第三章
领导风范：仪表礼节关乎领导形象

易失言，甚至失态，因此必须控制在本人酒量的 1/3 以内。

进餐时如果需要同别人讲话，最好放下刀、叉或勺子。如不放下，也不要用餐具指指划划。餐刀是切割菜肴的，不能用餐刀插着食物送进口里。餐刀绝对不能沾嘴唇。如果不慎把刀、叉掉在地上，不要马上俯身去拾，就让它留在那里，招呼服务员拿干净的来。嘴里含着食物的时候不能跟别人讲话，等把食物咽下去再说话。

喝饮料时，先用餐巾擦擦嘴唇，然后再喝杯中饮料，以防菜屑弄到脸上或杯子里。如果发现杯子里有不洁之物，应当悄声告诉服务员，让他取走重拿一份来，不要大呼小叫引起别人的注意。不能在嘴里塞满食物时喝酒或喝饮料，应当先咽下食物后，再端起杯子来喝。

吃面包时，不要整片或整个涂满黄油或果酱，拿到嘴上去吃，应当一小块一小块掰开，涂上黄油或果酱再吃。在桌布上落下面包屑，可以不必理会。服务员在撤走盘子时，他就可以顺手捡到盘中取走。

进餐完了，一般都坐在客厅里互相交谈。如果是站着交谈，尽可能和参加宴会的人们都接触；如果是坐着，也要有礼貌地换换位置，同好友交谈。在这种场合尽可能活跃一些，避免少言寡语，呆在那里。可利用这种机会，多交一些朋友。

宴会结束后，主人同他的配偶在门口相送。这时要向他们表示感谢，感谢他们的好客，感谢他们的美餐，感谢他们的邀请，并握手拥抱告别。

用餐礼仪是非常繁琐的，但各种用餐礼仪又是高层主管必须熟悉和掌握的。一旦出错，就会给人留下笑柄。因而如果你对自己没有把握的话，最好参加礼仪培训班补习一下。

访客与待客的礼节

彬彬有礼的风度,主要是自我克制的表现。

——爱迪生

拜访与待客都是生活中的寻常小事,但如果你忽视了礼节也很可能让它变成一场"灾难"。那么怎样做才是合乎礼节的呢?

(1)迎客。

客人到达应起立迎接。如果出门如约迎接,应早去几分钟,不要让客人等。如果客人是初次来访,应给家人介绍一下,并互致问候。然后请客人宽衣、就坐。递送烟茶果品应双手送上,烟要亲自点火。如果是熟悉的老朋友可不必拘泥于这些礼节,随便一些更好。

对客人带来的礼物应表示感谢,并适当赞美。为客人沏茶、削瓜果、剥糖纸要注意卫生,不要直接用手接触入口的东西。用点心和果品时,主人应陪着客人一起吃。

待客时,如有别人来打扰,不要面露悻悻之色,把人拒之门外。若客人来到后,你恰好有要事要办,应向客人说明情况,表示歉意,让家人帮助招待。如果来客不是来找你,但要找的人不在,这时你也要主动热情地接待。

(2)送客。

客人告辞时,要表示挽留。如果客人怕耽误主人的时间过久,而主人又并不很忙,更要真诚地挽留,但不要强留。客人提出告辞,主人先不要起身,即使挽留不住也要等客人起身后再起身，否则是很不礼貌的行为。送客时应让客人走在前面，替客人开门，送到门外再握手道别。对长辈或领导，应送出大门或扶下楼梯，等客人走远后再返回。不要刚和客人握手道别，马上就转身回来，更不可客人前脚刚刚出门，主人后脚就把门关上，这都是非常失礼的。

在拜访外国人时尤其要注意以下几点。

①到外国人办公室或住所，均应预先约定、通知，并按时抵达。如无人迎候，应先按门铃或敲门，经主人应允后方得进入。如无人应声，可稍等片刻后，再次按铃或敲门（按铃时间不宜过长）。无人或未经主人允许，则不得擅自进入。

②经主人允许或应主人邀请，可进入室内。尽管有时洽谈的事情所需时间很短，也应进入室内，不要站在门口谈话。有时，主人未邀请进入室内，则可退到门外，在室外谈话。

③应邀到外国人家里拜访、作客，应按主人提议或同意的时间抵达，早到或迟到都是不礼貌的。如发生迟到的情况，应致歉意。主人备有小吃和饮料招待，客人不要拒绝，应品尝一下。

④未经主人的邀请或没有获得主人的同意，不得要求参观主人的庭院和住房。

智慧分享

待客与访客是高层主管必须掌握的一般礼节，它所体现的是高层主管的个人素质。如果不守礼节，则会影响别人对高层主管的印象。

与外国客商打交道时的禁忌

一只狗和一条狼交上了朋友。狼的生日就快到了,"送什么礼物给狼兄弟好呢?"狗开始苦苦思索。生日那天,狼高兴地在宾客面前打开了狗送给他的礼物——结实的金属项圈和皮带,狼立刻沉下了脸,把狗的礼物随手扔到一边。这种结果让狗委屈极了:狼兄弟为什么不喜欢自己精心准备的礼物呢?

不同民族有不同的习俗与禁忌,高层主管在与外国客商打交道时必须注意这一点,否则就会被人视为不知礼仪的人。不仅损害个人形象,同时也会损害公司形象。

下面,我们总结了一些国外习俗与社交禁忌,供大家参考。

(1)交谈禁忌。

与外国人交谈,必须注意以下方面。

①与西方人交谈"七不问":年龄、婚否、收入、住址、经历、工作和信仰。因为上述问题均被西方人看成个人隐私,是非常不欢迎他人询问的。

②外国女子和她的丈夫或其他人交谈时,不要上前旁听。有急事需插进去和她说话时,应先打招呼。

③男子一般不参与妇女圈内的议论,也不要与妇女无休止地攀谈而引起旁人反感,更不要说妇女长得胖、身体壮、保养得好等语。

④跟英国人交往,不可以把王室的家事作为谈笑的话题。

（2）举动禁忌。

跟外国人打交道，一些在中国人看来很正常的举动，也会被认为是无礼甚至犯忌的行为。

①对欧美上年纪的人，如果他们上楼梯或爬山，千万不能扶他们。这在我们是对老人的尊敬。而欧美老人恰恰相反，别人搀扶他，他们觉得这样有失体面，反而招来不快。

②在西方国家，相互握手时，千万不要越过另两个人拉着的手去与第三个人握；抽烟时不要一次给三个人点烟，据说这样做会招来不幸。

③跟英国人坐着谈话，两膝不可张得太宽，忌架二郎腿。如站着谈话，忌拍打对方的肩背，如巴基斯坦人忌讳别人拍打右肩背，认为那是警察逮捕人时用的动作。泰国人还忌用脚指东西给人看，或者用脚踢东西给人。

④要注意不同的手势在不同的国家或地区有着不同的涵义，以免犯忌失礼。例如，翘起大拇指在我国是一种显示积极的手语信号，在英、美、澳大利亚、新西兰等国，还表示要求搭车。但如果这个动作比较猛烈，它又变成了一种侮辱人的信号。如果在希腊，意思又成了要对方"滚蛋"。

（3）数字禁忌。

①"4"的忌讳。在东方一些国家，不少人把"4"视为预兆厄运的数字。在朝鲜军队中不用"4"字，他们认为一支部队序列为"4"，在战斗中必然失败。在韩国，旅馆没有4层楼，门牌没有4号，几乎什么东西都不用"4"字。

②"13"的忌讳。这个数字在欧美国家最令人讨厌，在任何场合都尽量回避它。大楼没有第13层，航空公司没有第13号班机，甚至在每月的"13"日人们也深感惶恐。

③黑色"星期五"。把星期五视为凶日有许多传说，都跟基督教的《圣经》有关。有的书上说，夏娃偷吃禁果时是星期五，她和亚当被上帝逐出伊甸园正是在那一天。也有的书上说，耶稣被钉在十字架上也是星期五。如果星期五又碰上"13"日这一天，那就更不祥了。一些迷信者甚至借口有病全天不起床，以免发生不吉利的事。

（4）颜色禁忌。

有一些国家，对颜色也有很多禁忌。如黑色是欧美一些国家所忌讳的，因为黑色是丧礼色；绿色在日本象征不祥；黄色被巴西、埃及、埃塞俄比亚等国人认为是凶、丧之色，花束、服装都忌用黄色；蓝色在比利时人的眼里是不

吉利的标志，认为碰到蓝色会带来不幸；泰国人平时绝对不用红笔签名，因为在他们那里，人死后用红笔将死者姓名写在棺材上；蒙古人也厌恶黑色，认为它象征不幸、贫穷、背叛、嫉妒、暴虐、威胁；白色不讨摩洛哥人喜欢，他们以白色为贫穷色；青色让乌拉圭人觉得是黑暗的来临，不吉利；巴西人则认为紫色表示悲伤，黄色为凶丧之色，如两色配在一起，定会引起凶兆。

（5）其他禁忌。

除了上述主要的禁忌外，在一些国家还有其他一些禁忌。

①花卉禁忌。印度人忌荷花作礼品，欧洲许多国家忌菊花，德国人忌郁金香，英国人忌黄玫瑰为礼花等。

②图案禁忌。英国人忌讳大象的图案；北美、利比亚忌讳狗的图案；瑞士忌讳猫头鹰的图案，认为那是"死人"的象征；捷克和斯洛伐克忌用"红三角"，认为它是有毒的象征；意大利忌讳菊花图案，因为他们习惯把菊花敬给死者；牛则受印度、尼泊尔等许多南亚国家崇敬，不准以任何形式亵渎牛；骆驼被索马里人敬爱，别说图案甚至给骆驼拍照也是绝对不准许的。

③服饰禁忌。西班牙女人上街必定要戴耳环，他们认为不戴耳环如同没穿衣服；欧洲姑娘结婚，在婚礼之前不会答应裁缝要她试穿结婚礼服的请求，认为那样会导致婚姻破裂；在英国，如果一个外国人系了一条带条纹的领带，可能被认为是军服或学生校服领带的仿制品，从而会遇到麻烦。

④邮包禁忌。在缅甸，禁止有钞票图样的物品入境；阿富汗禁邮香口胶、烟灰缸、日历、明信片、塑胶花、泡茶、通心粉等；伊朗禁邮乐器和厕所用品；伊拉克禁邮望远镜、汽球、染发品；肯尼亚禁邮日本剃须刀；厄瓜多尔禁邮草帽；秘鲁和科西加不欢迎扑克；斐济禁寄旧衣服、弹簧刀等。

⑤饮食禁忌。在饮食方法上，波兰人是不铺桌布不入席；用筷子进食的东方国家，不可将筷子插在饭碗中间。日本人吃饭用筷有"八忌"：一忌舔筷——用舌舔筷子；二忌迷筷——手执筷子在桌上游移，拿不准夹什么菜吃；三忌移筷——动了一个菜后不吃，又去夹其他菜；四忌扭筷——扭转筷子，用嘴舔取粘在筷子上的饭粒；五忌插筷——用筷子插菜吃；六忌掏筷——用筷子从菜的当中掏着吃；七忌跨筷——将筷子架在碗、碟上面；八忌剔筷——用筷子剔牙缝。

第三章
领导风范：仪表礼节关乎领导形象

不同国家、民族由于不同的历史、宗教等因素，各有特殊的风俗习惯和礼节。作为企业高层主管，一定要对各国的风俗习惯、礼仪有所了解。这样才能在各种涉外活动中，根据场合、对象行事，做到有礼、自然、诚挚。

第四篇　学会休息，保持战斗力

　　每个人都应该有属于自己的休闲生活。没有休闲，生活将变得枯燥而乏味。长此以往，对健康也必将产生危害。因此高层主管也应该从忙碌的工作中抽出一些时间用于休闲活动。这并不是在浪费时间。休闲活动可以帮你消除疲劳、调剂精神，让你更好地投入到工作中去，取得最佳业绩。

第一章
身体健康,一切努力才会有价值

很多企业高层主管的生活只能用一个字形容:忙。忙工作,忙应酬,"眼睛一睁,忙到熄灯",成了他们真实的写照。在这日复一日的忙乱中,他们往往忽视了自己的健康。而事实上,健康才是一个人最应该重视的问题。以透支健康为代价来换取成功是不值得的,保护好健康你才能享受地位、财富等成功者的生活。

第一章
身体健康，一切努力才会有价值

成就事业不能以健康为代价

> 只有身体好才能学习好、工作好，才能均衡地发展。
>
> ——周恩来

人的体力都是有一定极限的。如果长期过度疲劳，健康便会受损。为了事业而损害健康，是最不值得提倡的做法。

曾几何时，不断传来科学工作者英年早逝的噩耗。在人生的黄金时期，正当呕心沥血换来的丰硕成果期待主人去品尝之际却撒手人寰，不能不说是人生最大的悲哀。这些事实在向人们，尤其是在向中年人发出警告、敲响警钟——那些追求财富、追求幸福、追求人生价值的人们，不知是否知道，健康才是最大的财富、最大的幸福、最大的人生价值。忽视了这一"生命之最"，那么，当你得到那些宝贵的东西之日，实际上就是失去了更为珍贵的东西之时。

伍先生是一家大公司的高层主管，人到中年事业有成，仍雄心不减。为了扩大公司，积累更多的财富，他常常日以继夜地工作，频繁地出差，通宵达旦地陪客户吃饭、娱乐。实在感到疲倦了，他就靠吸烟喝酒或服用补品来提神。亲人和朋友劝诫他要注意身体，他却不以为然。终于有一天，一辆救护车将他送进了急救室。经检查，他的肝硬化已经到了晚期，并出现腹水。结果，即使最好的医生，使用最昂贵的药品，终于未能挽回他的生命。弥留之际，伍先生拉着妻子的手，想说什么，却未能如愿。人们不难想到，倘若伍先生能够逢凶化吉，他想告诉人们的一定是身体健康远比财富更重要。然而，当他明白这样一个简单的道理时，一切已陷入万劫不复的境地了。金钱和财富可以换来许多东西，却买不到健康。

因此，还在辛苦忙碌的高层主管，当你觉得疲劳时，就应该注意了：疲劳是一种信号，它提醒你你的身体已经超过正常负荷。出现疲劳感就应该进行调整和休息，做到劳逸结合，张弛有度。如果长期处于疲劳状态，不仅会降低工作效率，还会诱发疾病。医学研究表明，对人类健康和生命的主要威胁是可以预防和及早发现的，其中一个强有力的手段就是自我保健。世界上绝大多数影响健康和导致英年早逝的问题，都可以通过养成良好的生活习惯来预防。良好的生活习惯包括不吸烟、少饮酒、均衡饮食、锻炼身体、保持心理平衡等。中老年人还要强调劳逸交替、定期进行体格检查，及早发现高血压、糖尿病以及恶性肿瘤等严重疾病，做到无病早防、有病早治。

看不见硝烟的商战常常使高层主管感到危机四伏，精神焦虑。市场经济，风云突变，优胜劣汰，不进则退。高层主管居"危"思危，常有一种朝不保夕的危机感。面对已经取得的成功，他们害怕失败。

别看高层主管的名头既响亮又威风，这背后却是多少个不眠之夜和怎样日复一日、年复一年的呕心沥血。高层主管的神经任何时候都处于绷紧的状态。在此情况下，不管高层主管本人的意志多么坚强，都难免有招架不住的时候。面对客户挑剔的眼光，面对残酷无情的市场竞争，面对社会对"精英"的角色期待，不少老板已不堪重负。有90%的高层主管都承认，自己"工作太累，压力太大，经常是在硬撑着上班，精神的弦绷得太紧了"；94%的高层主管希望自己能与员工成为朋友，而不是把自己的压力转移给下属；95%的高层主管希望有一个稳定的家庭，希望经常能与家人分享天伦之乐；96%的高层主管希望在企业越来越好的同时自己越来越轻松……

那么，怎样判断自己是不是处在过劳状态呢？

日本公众卫生研究所的科研人员曾对日本"过劳死"高发现象做过详细研究。从预防角度，他们列举了27种"过劳"症状和因素：

（1）经常感到疲倦，忘性大；

（2）酒量突然下降，即使饮酒也不感到有滋味；

（3）突然觉得有衰老感；

（4）肩部和颈部发木发僵；

（5）因为疲劳和苦闷导致失眠；

（6）有一点小事也烦躁和生气；

（7）经常头痛和胸闷；

（8）突然发生高血压、糖尿病，心电图测试结果不正常；

（9）体重突然变化大，出现"将军肚"；

（10）几乎每天晚上聚餐饮酒；

（11）一天喝5杯以上咖啡；

（12）经常不吃早饭或吃饭时间不固定；

（13）喜欢吃油炸食品；

（14）一天吸烟30支以上；

（15）晚上10点也不回家，或12点以后回家占一半以上；

（16）上下班单程需2小时以上；

（17）最近几年即使运动也不流汗；

（18）自我感觉身体良好而不看病；

（19）一天工作10小时以上；

（20）星期天也上班；

（21）经常出差，每周只在家住两三天；

（22）夜班多，工作时间不规则；

（23）最近有工作调动或工作变化；

（24）升职或者工作量突然增多；

（25）最近加班时间突然增加；

（26）人际关系突然变坏；

（27）最近工作失误或者发生不和。

在上述27项中占7项以上即是过度疲劳有危险者，占10项以上就可能在任何时间发生过劳死。即使说不占7项，在第1项到第9项中占两项以上或者在第10项到第18项中占3项以上者也要特别注意。

请记住，健康是最宝贵的财富。从事任何工作，都不能以损害健康为代价。否则，取得再令人瞩目的成就也是得不偿失的。

智慧分享

企业高层主管要学会调节生活,多与人沟通交流,开阔视野。增加精神活力是让紧张的神经得到松弛的有效方法,也是防止疲劳的精神食粮。

第一章
身体健康,一切努力才会有价值

从"亚健康状态"中走出来

古语说:业精于勤。据我看光勤于用脑力而总不用体力,业也许不见得能精;两样都用,心身并健,一定有好处。

——老舍

"亚健康"普遍存在于工作忙碌的中年人群中。很多人对"亚健康"不以为然,认为休息一下就好了。这是错误的想法,"亚健康"也会危害健康。

在日常生活中,一些企业高层主管常这样抱怨:

"我感到自己容易疲劳,力不从心,倦怠乏力。下班回家后,第一反应就是往沙发上一坐或往床上一躺,就是懒得动。"

"最近我心绪不宁、坐卧不安、焦虑、恐惧、抑郁。"

"我这几天睡眠不好,晚上难以入睡,早晨又恋床。"

"我常感头痛、头昏、耳鸣、健忘,浑身酸痛,好出虚汗。"

"我常感到颈部、四肢酸痛麻木。"

有此抱怨的人很可能便已处在"亚健康"状态了。

长久以来,人们对健康的认识,只停留在不生病的状态就算健康。医学研究的对象是"病"和"病人"。但是,几年前,又有学者提出一种即非病人又非健康人,介于两者之间的"第三种状态"一词。第三种状态表现为:自感不适,但却又查不出病来;试着治疗又总不对症,越治越糟。

据有关机构对近万人的抽样调查显示:只有5%~15%的人群心身处于健

康状态；40%～50%的人群处于轻度失调和慢性疾病潜伏期，即亚健康状态；17%～20%的人群已出现慢性疾病早期症状；15%的人群已进入慢性疾病状态。其中沿海城市亚健康人群比例高于内地，城市中知识分子、企业管理人士亚健康比例高于一般人群。40岁以上的人群中大约有78%的人处于亚健康状态，其中大约有1/3兼有或起因于心理异常。

目前肿瘤、心血管、脑血管、呼吸及消化系统和代谢性疾病，已成为威胁人们健康的主要"杀手"。上述众多疾病都有一个发展过程，而这个缓慢渐进的过程，恰巧留给人们比较宽裕的防范时空。然而，许多人因认识问题与这个"防范时空"擦肩而过，以致病入膏肓而追悔莫及。

亚健康状态亟待引起人们足够的重视。

对"亚健康"这种似健康、非健康，似疾病、非疾病的状态，要熟识它的成因，知道它五花八门的外在表现，在日常生活中能够预防它，增强健康意识。亚健康在临床上常被诊断为疲劳性综合征，如内分泌失调、神经衰弱、更年期综合征等。其在心理上的具体表现是精神不振、情绪低沉、反应迟钝、烦躁、焦虑、易惊等，在生理上则表现为乏力、气短、腰酸腿痛等。此外，还有可能出现类似心血管系统疾病的症状，如心悸、心律不齐等。

一般造成亚健康的原因有以下几种。

（1）过度疲劳和精神紧张造成的精力体力"透支"。现代社会竞争日趋激烈，工作压力加大。如果自身不能通过良好的习惯或适当的放松建立一个有效恢复的机制，则人体的主要器官在长期的非常负荷下会出现效率低下、功能减退及暂时功能障碍等。这是最常见的导致亚健康的病因。

（2）人体的自然老化，表现出体力不足、精力不支等。

（3）不良生活习惯或不良环境诱发某些疾病的前期症状。某些疾病的前期症状，如心脑血管疾病和癌症等很多都是由于长期不良生活习惯或不良生活环境诱发的。在发病的前期，病灶就会引发一些全身性的功能失常或障碍，体检却很难准确检查出病因。这是真正需要引起重视的亚健康。

此外，以下十种人最易导致亚健康：

（1）嗜烟如命的人；

（2）心胸狭窄，动不动就大发脾气的人；

（3）生活无规律，暴食、偏食的人；

（4）经常酗酒的人；

（5）有小毛病就吃药，吃药打针不计其数的人；

（6）生了病硬撑，不诊治，听之任之的人；

（7）纵欲过度和性乱的人；

（8）精神不振，抑郁消沉的人；

（9）孤独寂寞，没有朋友的人；

（10）从来不锻炼的人。

请你对照一下，看看自己是否属于亚健康者。

智慧分享

高层主管首先要增强对亚健康的认识，要善于调整生活和工作方式，学会调整情绪、自我放松。其次，那些已进入或将进入慢性疾病状态的人群可采用中医调整的方式进行干预。可在专业人员的指导下，适当选用一些调节免疫功能、优化体质的中成药制剂或保健食品。

第二章
心态平和,体验奋斗的伟大意义

身为高层主管,虽看起来位高权重,体面风光,但这份风光背后也有许多痛苦和烦恼。一些成功人士因此而终日面带忧容,有的甚至未老先衰。其实,谁能没有一点烦恼呢?只要你积极调整心态,换个角度看生活,你就能够发现幸福,找到幸福。

第二章
心态平和，体验奋斗的伟大意义

不要给自己制造不幸

　　人生就是苦恼，所以人一出娘胎，开口第一声就是哭。决没有一见天日就大笑的。哭先于笑，是人生的途径，笑不过是偶尔的表现而已。

　　　　　　　　　　　　　　　　——宣永光

　　幸福是人生最基本的欲望之一。然而，幸福必须是靠自己的努力赢来的。赢得它并不十分困难，凡是想要得到它的人、具有这种意志的人、知道正确方法而切实履行的人，都能成为幸福快乐的人。

　　在火车的餐车上，有位太太身上穿着名贵的毛皮大衣，手上戴着数枚璀璨夺目的钻石戒指。然而不知是什么原因，她的外表看起来却总是一副不悦的样子，她几乎对于任何事都表示抱怨，一会儿说"这列车上的服务实在差劲，空调湿度太低"，一会儿又大发牢骚"服务水准太低，菜做得这么难吃……"

　　不过，她的丈夫却与她截然不同，是一位看上去和蔼亲切、温文尔雅且宽宏大量的人。他对于太太的举止言行似乎有一种难以应付而又无可奈何的感受，也似乎相当后悔带她旅行。

　　他礼貌地向沉默的同车人打了个招呼，并询问其所从事的行业，同时做了一番自我介绍。他表示自己是一名医生，又说："你们也许想不到，我内人是一名制造商。"此时，他脸上有一种奇怪的微笑。

　　听完他所说的话，那位同车人感到相当疑惑，因为他的太太看起来一点也不像个实业家或经营者之类的人物。于是，那个同车人不禁疑惑地问："不

知尊夫人是从事哪方面的制造业呢?"

"就是'不快乐'啊,"他接着说明,"她是在制造自己的不快乐!"听起来有点刻薄,但其实,这位先生的确很贴切地道出了实际情况。

事实上,在我们的四周正充满了这些正在为自己制造不快乐的人。严格说来,这种情况实在值得人们关注。因为,那些足以破坏我们幸福的外在条件或因素已经太多。如果我们还在自己的心中制造不快乐的话,那么真可以说是不幸之极。

人们之所以会自己制造不快乐,其主要原因是由于自己心中存有的不快乐想法所致。例如,总是认为一切事情都糟糕透了;别人拥有非分之财,而我们却没有得到应得的报酬等。

此外,不幸的想法往往会把一切怨恨、颓丧或憎恶的情绪深深地埋藏在心底,于是不幸的程度将日益加深。那位夫人拥有别人期盼的钻石、豪华的衣饰,但是,她拥有的财富并没有将她排除在自己制造的不幸之外。因为人们自己制造不幸时是因为自己内心的骚动,而与外界无关。

世界上没有一个人会因烦恼而获得好处,也没有人会因烦恼而改善自己的境遇。但烦恼却有损于人的健康和精力,会毁灭生活和幸福。

因此,我们必须学会调整心态,走出"不幸"的阴影。

(1)学做正确的比较。

心理失衡,多是因为选择了错误的比较对象,总与比自己强的人比,总拿自己的弱点与别人的优点比。如果能够过好自己的日子不去比较,实在要比的话,就把和自己处于同一起跑线上的人当作比较对象,那生活中可能会少一些烦恼,多一片笑声。

(2)始终保持自信。

自信是心理平衡的基础。假如感到某方面不如别人,应相信自己是有能力的,只不过是低估了自己的长处而已。当然,自信的前提是自己确有发光点。所以,平时应当练好基本功。

(3)适当地发泄。

你有权发火,因为怒而不宣可摧毁肌体的正常机能,导致体内毒素滋生,使人变得抑郁、消沉。所以适当的发泄可以排除内心怒气,重新鼓起生活的勇气。发泄的方法很多,可以向朋友、家人倾诉自己的委屈;也可以独处时怒吼;也可以对着某物打上几下,出出怒气等。以前听说过某人在自己的办公室里放上一个镖盘,愤怒时便用力去玩飞镖。这样既不害人也不伤己,不失为发泄的一个好方式。

(4)寻找放松的"港湾"。

生活中需要一个能让自己休养的"港湾"。无聊时去"充电",烦恼时去放松,就像一只远航归来的帆船一样,在这宁静的港口及时得到休整。这个"港湾"可以是一间充满花香的房间,可以是一个深造提高的培训班,甚至也可以是一次独来独往的旅行。

(5)享受生活的美好。

生活是美好的,虽然有时候会不小心跌上一跤,但说不定你跌倒的时候,会有一叠钱在地上等着你去捡。学会体会生活的美丽,学会享受自然的恩赐,学会欣赏别人,也学会自我欣赏。

(6)学会奉献爱心。

拾到一个钱包,与其整天提心吊胆,心神不宁,不如做件好事,奉献一片爱心,把钱包还给失主或是上交。为别人献出一点爱,心中会有更多的爱。

(7)感受大自然。

大自然如同母亲的胸怀一样博大,如同上帝的施舍一样慷慨。烦闷时不妨到外面走走,回归自然。望着蔚蓝色的天空,朵朵的白云,潺潺的流水,听着那婉转的鸟鸣,心灵会慢慢趋于平静,快意不经意间即涌上心头。

太多的人悲叹生命的有限和生活的艰辛,却只有极少数人能在有限的生命中活出自己的快乐。一个人快乐与否,主要取决于什么呢?主要取决于一种心态,特别是如何善待自己的一种心态。

生活中没有真正的完美

  一个圆环被切掉了一块,圆环想使自己重新完整起来,于是就到处去寻找丢失的那块儿。可是由于它不完整,因此滚得很慢,所以它欣赏路边的花儿,它与虫儿聊天,它享受阳光。它发现了许多不同的小块儿,可没有一块适合它。于是它继续寻找着。

  终于有一天,圆环找到了非常合适的小块儿,它高兴极了,将那小块儿装上,然后又滚了起来,它终于成为完美的圆环了。它能够滚得很快,以致无暇注意花儿或和虫儿聊天。当它发现飞快地滚动使得它的世界再也不像以前那样时,它停住了,把那一小块儿又放回到路边,缓慢地向前滚去。

  人生没有绝对的完美,过于追求完美反而成了一种缺陷。追求更高更好的生活没有错,但请记住,你所要追求的是"更好"而不是"完美"。

  一个人如果对自己和他人要求过高,总是追求完美,我们就称这种性格为完美主义。完美主义的性格首先表现为固执、刻板、不灵活,给自己或他人设定一个很高的标准,非要达到不可,受到挫折就感到很痛苦,不能接受。

  某著名汽车制造公司的总经理就是这样的人。虽然他们公司的销售量还不错,但离他的高标准有些差距,他不能忍受,跳楼自杀了。有位软件设计工程师在编程序时要求自己像写古诗一样把字节写的都一样长,结果他日日夜夜地苦思冥想,工作效率和成果可想而知。

第二章
心态平和，体验奋斗的伟大意义

完美主义的人往往不愿意接受自己或他人的弱点和不足，非常挑剔。有的人没有什么好朋友，总也找不着对象，和谁也合不来，经常换单位，为什么？那是因为他谁也看不上，甚至会因为别人的一些小毛病，而忽略了别人的主要优点。有的人不允许自己在公共场合讲话时紧张，更不能容忍自己紧张时不自然的表情，一到发言时就拼命克制自己的紧张，结果越发紧张，形成恶性循环。有的人不允许自己身体有丝毫不舒服，经常怀疑自己得了重病，经常去医院检查。其实，每个人都有缺点和不足，都会有紧张、不适的体验。这是正常的表现，必须学会接受它们，顺其自然。如果非要和自然规律抗拒，必然会愈抗愈烈。

所以，事事追求完美是一件痛苦的事，它就像是毒害我们心灵的药饵。因为这个世界本来就不是完美的，过去不是，现在不是，将来也不是，它本来就是以缺陷的形式呈现给我们的。人如果事事追求完美，那无异是自讨苦吃。

从前，一位老和尚想从两个弟子中选一个做衣钵传人。

一天，老和尚对两个徒弟说："你们出去给我拣一片最完美的叶子。"两个弟子遵命而去。不久，大徒弟回来了，递给师傅一片树叶说："这片树叶虽然并不完美，但它是我看到的最完整的叶子。"二徒弟在外面转了半天，最终却空手而归。他对师傅说："我看到了很多很多的树叶，但总也挑不出一片最完美的……"自然，老和尚把衣钵传给了大徒弟。

"拣一片最完美的树叶"，人们的初衷总是最美好的，但如果不切实际地一味找下去，一心只想十全十美，最终往往是两手空空。直到有一天，我们才会明白：为了寻找一片最完美的树叶，却失去了许多机会，这岂不是得不偿失吗？

世间许多悲剧，正是因为一些人热衷于追求虚无缥缈的完美，而忘却了任何一种正常的选择都可以走向完美。完美不是一种既定的现象，而是一种日臻完善的执著追求过程。

其实，任何一种平淡的选择或开始，只要后面的过程得当，其间必定蕴涵着许多奇迹。要按客观规律办事，不能脱离实际而片面追求完美。

爱因斯坦上小学时，老师让学生交一件劳动作品。爱因斯坦把一只笨拙又丑陋的小板凳交给了老师。老师看后很不满意。爱因斯坦又从身后拿出两只更为丑陋的小板凳，对老师说："我刚才交的是我第三次做的，虽然它不太令人满意，但是它要比这两只强得多。"

人生中，我们应该具备爱因斯坦的勇气。不要只是好高骛远，而应该静下心来，一步一个脚印地去拣你认为是相对完美的树叶。

人生的缺憾有其独特的意义，我们不能杜绝缺憾。但我们可以升华和超越缺憾，并且在缺憾的人生中追求完美。缺憾可以当作我们追求的某种动力，如果我们能这样看，就不会为种种所谓的人生缺憾而耿耿于怀了。

有了缺憾就会产生追求的目标。有了目标，就如同候鸟有了目的地，即使总在飞翔，累得上气不接下气，有期望的目标，总是能够坚持下去。

如果事事追求完美，都要拼命做好，这会使我们自己陷入困境。不要让尽善尽美主义妨碍我们参加愉快的活动，而仅仅成为一个旁观者，我们可以试着将"尽力做好"改成"努力去做"。

如果我们将自己的价值与成败等同起来，必然感到自己是毫无价值的。想一想托马斯·爱迪生，如果他以某项工作的成败来衡量他的自我价值，那么他在第一次试验失败之后就会认输，就会宣布自己是个失败的探索者，并停止用电灯照亮世界的努力。然而他并没有认输。失败是成功之母，它可以鼓励人们去努力、去探索。如果失败指出了成功的方向，人们甚至可以视其为成功。正如一位作家说的那样："我最近修改了一些名言，其中之一便是将'一事成功，事事顺利'改为'一事成功，事事失败'。因为我们从成功中学不到任何东西，唯一给我们以教益的便是失败，成功仅仅坚定了我们的信念。"

假如我们的目标切合实际，那么，通常我们的心情会较为轻松，行事也较有信心，自然而然便会感到更有创作力和更有工作成效。我们不是鼓吹放弃努力奋斗，不过，事实上我们也许会发现，在我们不是追求出类拔萃，而只是希望有确实良好的表现时，"努力去做"反而会获得一些最佳的成绩。

生活不可能完美无缺。正因为有了缺陷，我们才有了梦想，才有了希望。而当我们试着为梦想和希望全力拼搏时，我们也就拥有了完整的自我。

第二章
心态平和，体验奋斗的伟大意义

对名利之事看开一点

据说上帝在创造蜈蚣时，并没有为它造脚，但是它仍可以爬得像蛇一样快。有一天，它看到羚羊、梅花鹿和其他有脚的动物都跑得比自己快，心里很不高兴，便嫉妒地说："哼！脚多，当然跑得快。"于是它向上帝祷告说："上帝啊，我希望拥有比其他动物更多的脚。"

上帝答应了蜈蚣的请求，他把好多好多的脚放在蜈蚣面前，任凭它自由取用。蜈蚣迫不及待地拿起这些脚，一只一只地往身体上粘，从头一直粘到尾，直到再也没有地方可粘了，它才依依不舍地停止。

它心满意足地看着满身是脚的躯体，心中暗暗窃喜："现在我可以像箭一样地飞出去了！"但是等它开始要跑时，才发觉自己完全无法控制这些脚。这些脚劈哩啪啦地各走各的，它非得全神贯注，才能使一大堆脚顺利地往前走，这样一来它反而比以前走得慢多了。

在嘲笑这只蜈蚣欲望太强、自寻烦恼时，你有没有反省一下自己呢？我们不也是拼命地搜集一些让我们看起来更成功的东西，并且为我们得不到的东西而苦恼吗？所以，有时候你的苦恼可能并不是因为你拥有的太少，而是太多。

明人屠隆曾经说过：生活在充满苦恼的世上，要有高昂振奋的意气。面对着追名逐利的社会，应该淡漠处之，不为所动。

屠隆的话，虽是在几百年前说的，对于我们现代人，却仍然不失为一剂

摆脱苦恼的良药。

并不是所有在生活中遭受不幸的人，精神上都会苦恼不堪。那些意气昂扬的人，对生活的磨难、意外的打击，他们往往付之一笑，看得很淡，从不把它看做多了不起的事。

大音乐家贝多芬17岁时母亲去世，沉重的家庭负担压在他稚嫩的肩上，但他没有皱眉。32岁时，他的耳病越来越厉害，几年后完全失聪，这对一个音乐家来说是多么沉重的打击！可贝多芬并没有因此而消沉。在写给朋友的信中，他说："我要扼住命运的咽喉，它妄想使我屈服，这绝对办不到……生活是这样美好，活它一千辈子吧！"

但生活中的一些中年人，却常常因为一些不如意就苦恼起来。莫说"活它一千辈子"，就是眼下这一辈子，我们都觉得活得太累。这说明我们的意气不是"温"，而是"凉"，我们确实需要找找烦扰情绪的病源了。

精神上的苦恼和生活中的不幸，并没有必然的联系。不如意的事情仅仅是可能引起苦恼的外部原因之一。大部分终日苦恼的人，实际上并不是遭受了多大的不幸，只不过自己的内心素质存在着某种缺陷，对生活的认识有所偏差。

我们必须明白，不顺心、不如意是人生不可避免的一部分。什么叫生活？生活就是喜怒哀乐的总和。生老病死、地震台风带来的灾害，这是自然规律决定的；悲欢离合、贫困落后，这与整个社会的发展和大环境有很大关系。这些都不是我们个人的力量所能左右的。明白了这一点，我们就会对生活抱一种达观的态度，就不会稍有不如意就自怨自艾，陷入苦恼之中。

罗曼·罗兰也曾说过："从长远看，人生的不幸还很有诗意呢，一个人最怕庸庸碌碌地生活。"这种生活的态度，就是对生活本质的真正了解，它也是一种昂扬意气的表现。

另外，产生苦恼，也与一个人内心素质上的缺陷有关。比如有的人不善交际，待人冷漠孤僻，很容易觉得受人排挤，从而郁郁寡欢。有的人感情脆弱，受到批评或者讽刺时，就会产生不被人理解的苦恼。特别是在恋爱婚姻中，如感情得不到回报，就会非常苦恼。这些苦恼都是由于我们自身某些方面的弱点造成的。因此，当我们受到苦恼情绪的困扰时，就要问问自己为什么会苦恼，是由于遭受了不幸，还是由于自身的原因？这样就能对症下药，使苦恼得到及时排解。

第二章
心态平和，体验奋斗的伟大意义

一项调查显示，现在的人似乎比几十年前、十几年前的人苦恼更多。现在的人们感到压抑苦恼的概率是上世纪50年代的10倍。没钱的人苦恼，有钱的人也苦恼；钱少的人苦恼，钱多的人也苦恼。你有钱，总是还会有许多比你更有钱的主儿，如作家蒋子龙说的，"这使失败者恨得牙根疼，让那些成功者也常常感到像是失败者"。

德国精神治疗专家迈克·蒂兹说："我们似乎创造了这样一个社会：人人都拼命地表现，期望获得成功，达不到这些标准心里便不痛快，便产生耻辱感。"细究我们苦恼的原因，更多的是由于在现代的"嗜欲场"上，太热衷于金钱、财富、地位、名声这些所谓"成功"的标准。达不到，就苦恼。什么程度才算达到？自己也搞不清，因此只有永远苦恼下去……

在俄罗斯的政治经济变革中，一些人钻新旧体制更替的空子，发了大财。这些暴发户，被称作"新贵族"。普通的俄罗斯人尽管生活比较艰苦，但他们对这些"嗜欲场"上的"幸运儿"并不眼热，他们以平静淡然的心态看待这些腰缠万贯的家伙，甚至抱着一种"怜悯"的态度对待这些"新贵族"。一个突出现象，就是流传着许多关于这些暴发户的笑话。其中一个讲的是——

一个"新贵族"刚刚从一家五星级饭店出来，他等候在门口的奔驰车突然爆炸了。这位仁兄很心疼地喊起来："我的5万美元泡汤了！"接着又想起来什么，喊道："我放在汽车后备箱里的5万美元也没有了！"这时，旁边有一个人提醒说："先生，您的左胳膊被炸掉了，鲜血直流！"这位"新贵族"立刻大叫一声："不好，我手腕上8万美金的限量金表被炸没了！"

你看，一声爆炸，这个"新贵族"的苦恼马上就来了。对这种人的这些苦恼，谁又会去同情呢？

所以淡泊名利，你也就远离了苦恼。意气振奋，在遇到不幸时，你也就不会因此而自我精神折磨。对于那些因内心素质或性格原因而带来的苦恼，只要我们加强思想修养，注意经常调整心理，就会逐渐摆脱苦恼的纠缠。

英国作家萨克雷有句名言："生活是一面镜子，你对它笑，它就对你笑；你对它哭，它也对你哭。"如果你成天以一种痛苦的、悲哀的感情去生活，那么生活就将是非常沉闷灰暗的；而如果你以欢悦的态度对待生活，包括那些不如意、不顺心的事，生活就会充满阳光。马克·吐温是著名的幽默作家，可是这位制造笑料的人，自身的经历却是悲剧性的，他从小就经历了种种辛酸。他的两个哥哥和一个姐姐，在他年轻时相继死去，他的四个孩子也一个个先他而亡。可是，马克·吐温相信，如果我们以欢笑为止痛剂来减轻生活的痛苦，我们就能得到乐趣。他说："在生活的舞台上，学着像个演员那样感受痛苦，此外，也学着像个旁观者那样对你的痛苦发出微笑。"

　　太多时候，我们会被世上的名利、金钱、物质所迷惑，只想通通将其占为己有，于是心中就充满了苦恼、矛盾、忧愁。其实只要你能试着放弃一些欲望，你就能活得更洒脱、快乐。

第二章
心态平和,体验奋斗的伟大意义

对失败不要过多忧虑

人生的光荣不在永不失败,而在于屡倒屡起。

——拿破仑

一些企业高层主管终日忧心忡忡,担心事业遭遇失败。其中一些人更在遭遇挫折后,一蹶不振,对自己失去信心。失败真的那么难以面对吗?

失败不外乎主客观两个原因。有的失败是由于我们自身知识水平和能力所限。这种情况下,就需要你自身的加倍努力,再做冲击。上官云珠是我国著名的电影演员。她原本是一家照相馆的女职员,因为长得漂亮,国华公司聘请她担纲一部影片的重要角色,还把她的彩照登上画报,准备捧红她。不料她第一天拍戏就砸了锅,站在镜头前她浑身发抖,紧张得一句台词也说不出。导演耐心地连试了三次,她都发抖,只得作罢。第一次明星梦破灭,上官云珠不甘心失败,又托人介绍到艺华公司,争取到一个角色。当正式在水银灯下拍摄时,她那个临场紧张发抖的毛病又犯了,第二次又失败了。面对两次失败,上官云珠没有放弃梦想,而是认真分析出这是由于自己缺乏表演基本功,心虚胆怯造成的。于是她进入业余剧团,在舞台演出中磨练基本功,积累经验,准备东山再起,并到上海戏剧学校、新华公司演员培训班学习。1941年,上官云珠参加《玫瑰飘零》影片的拍摄,并一举成名。

英国诗人波普说:"并非每一个灾难都是祸。早临的逆境常是幸福。经过克服的困难,不仅给了我们教训,并且对我们未来的奋斗有所激励。"美国作

家爱默生说:"每一种挫折或不利的突变,都带着同样或较大的有利的种子。"如果上官云珠没有经受失败,"顺利"地第一次拍摄就通过了,而其实她的演员基本功很差,那么,她就可能只能做一个昙花一现的"明星",不会有后来真正的辉煌了。

如果失败是客观条件暂时不具备造成的。那么,需要耐心等待时机的成熟,既不能轻易放弃目标又不能莽撞行事。也有主客观条件都不成熟造成了失败,这就需要从两方面总结教训,以利再战。

在刘邦和项羽的楚汉之争中,刘邦在军事上一直处于劣势,他直接指挥的几次大战几乎都失败了,而且败得相当惨。他身负重伤12处,有好几次差点儿做了俘虏。但不管在什么情况下,他都不气馁。公元前202年,刘邦终于有实力与项羽在垓下大决战。项羽兵疲粮尽,面对自己心爱的美人和骏马,悲痛欲绝,然后率八百骑突围而出。项羽虽冲出了重围,却忍受不了失败的耻辱,感到无颜见江东父老,最后拔剑于乌江自刎。

看《霸王别姬》,你可能会为项羽的"末路英雄气概"而喝彩。但从成功学的角度来讲,项羽不过是一个被失败打败了的怯懦者。普希金说:"大石拦路,勇者视为前进的阶梯,弱者视为前进之障碍。"在项羽勇敢的外表下,有的只是一颗经不起挫折的脆弱的心。

所以我们就该知道,失败并没有什么可怕的,实际上世上没有永远的成功者。唯有从失败中爬起来,才有战胜失败、获得成功的可能。真正的智者从来就不惧怕失败,而是善于在烦恼中找寻智慧,从忧患中激发出生存的力量,他们不会让失败的忧虑动摇自己的信心。因此,从某种意义上说,失败是一笔巨大的财富。失败不仅能成为走向成功的强大动力,能增强人的信心,而且还能教会人重新估计自己的目标,改进进攻的方式。在生活中,我们一旦经历了失败,应当迅速从愤怒和沮丧中清醒过来,把这次失败视为一次学习经验的机会,通过失败来重新估计自己。

著名篮球运动员迈克尔·乔丹说:"我从来不去预料结果,因为每当你考虑结果,你总会想到一个糟糕的结局。无论我陷入何种处境,我都会想,自己一定能成功——而不去想如果失败了会怎样。有些人一想到会有一个糟糕的结局,便会忧虑得浑身发冷。也许他们是害怕面子上下不来,或者遭人奚落。我认为,如果我想在一生中有所成就,就必须积极进取,我必须主动出击。我相信,畏畏缩缩是成不了什么大器的。"

第二章 心态平和，体验奋斗的伟大意义

看来可怕的并不是失败本身，而是这种失败的心态。如果你仍在因失败而忧虑的话，那么不妨试试下面这个方法，它可以帮你解除这种忧虑。

你常常向自己提出这样的问题："我可能遇到的最糟糕的事情是什么？这种事情发生的可能性有多大？"如果你必须接受这个结果的话，就准备接受它，最后镇定地想办法改善最坏的情况。

曾有一个企业家工作不顺利，所以他非常焦虑。但是一段时间后，他问自己："最坏又能怎么样？我会死吗？当然不会，至多也就是负债累累，公司倒闭而已，我还可以活着，还有机会东山再起。"于是他的忧虑减轻了，他以轻松的心态工作，半年后他的公司扭亏为盈了。

因此，设想自己处在最糟糕的境地又能怎么样，你会发现，一切不过如此而已。

能成就大事的人，都善长分解忧虑、放松心情，他们也有豁达的心胸和开朗的性格。即使遭遇巨大的失败，他们也会笑着站起来说："这没什么大不了的，我还可以重头再来！"

你所拥有的就是最好的生活

  有一只久居河边的青蛙,对自己的走路方式极为不满。四条腿用力,一蹦一跳的,难看死了。看那些人,两腿直立行走,又高级又潇洒,要能像人那样走路该有多幸福啊!

  于是青蛙不停地到河边寺庙中去拜佛许愿,盼望有朝一日能像人一样走路。一年又一年,青蛙的诚意终于打动了神灵,青蛙实现了它的宏伟愿望。

  青蛙骄傲地站了起来,迈开两条长腿(原先的后腿),大步流星地走了起来。可是它莫明其妙地离河边越来越远,怎么也走不回水边去,因此也无法再捕捉到食物,青蛙饥渴难当,终于死掉了。

  原来,青蛙站起来走路后,它的眼睛却只能望见后面。腿往前走,眼往后看,这样的怪物自然无法生存。

  生活中也有很多这类青蛙式的人物,总觉得自己的一切不够好。其实每个人都有最适合自己的生活,不要总认为别人比你更富有或者更幸福,否则就是在自寻烦恼。

  美国梭罗博物馆曾在互联网上搞了一次测试,题目是:你认为亨利·梭罗的一生很糟糕吗?共有467432人参加了测试,结果是这样的:92.3%的人点击了"否",5.6%的人点击了"是",2.1%的人点击了"不清楚"。

  这一结果大大出乎主办者的预料。大家都知道,梭罗毕业于哈佛大学,

第二章
心态平和，体验奋斗的伟大意义

他没有像他的同学那样，去经商发财或走向政界成为明星，而是选择了去瓦尔登湖。他在那儿搭起小木屋，开荒种地，写作看书，过着原始而简朴的生活。他在世44年，没有女人爱他，没有出版商赏识他，直到他得肺病死去。

就是这样的一个人，世界上竟有那么多人认为他的生活并不糟糕。难道这些点击者的生活还不如当时的梭罗吗？显然不是，因为从点击者选择的国籍来看，他们大多来自西欧及北美。这些地方的穷人，也远比当时的梭罗富裕，那么，是什么使他们羡慕起梭罗呢？

为了搞清原因，梭罗博物馆在网上首先访问了一位商人，商人回答说："我从小就喜欢印象派大师们的绘画，我的愿望就是做一位画家。可是为了挣钱，我却成了画商，现在我天天都有一种走错路的感觉。梭罗不一样，他喜爱大自然，就义无反顾地走向了大自然，他应该是幸福的。"

接着他们又访问了一位作家，作家说："我天生喜欢写作，现在成了作家，我非常满意。梭罗也是这样，所以他的生活不会太糟糕。"

后来他们又访问了其他一些人，比如银行经理、饭店厨师以及牧师、学生和政府职员等，其中一个人是这样留言的："别说梭罗的生活，就是凡·高的生活，也比我现在的生活值得羡慕。因为他们没有违背上帝的意旨，他们都活在自己该活的领域，做自己喜欢做的事，他们是自己真正的主宰。而我却为了过上某种更富裕的生活，在烦躁和不情愿中日复一日地忙碌。"

的确，一种生活，只要适合自己，只要有自己喜欢的内容，就是最好的生活，何必踏破铁鞋去寻找那些离你十万八千里的、遥不可及的生活目标呢？

如果你认为只有拥有很多很多的钱、有很大很大的名气，你才能够快乐的话，你怕是很难快乐起来了。因为暴富的机遇和条件实在难求，而人生中的巨奖如诺贝尔奖、奥斯卡奖我们大都得不到。反而人生中寻常的赏心乐事如一声赞美、一个轻吻、亲友围坐、一席盛宴、明月当空、落日红霞，这些都是我们可以享受到的。不要因为得不到人生的巨奖而烦恼，要享受人生中可爱的小事。这种小事多得很，人人都可以从中享受到快乐。

一个人无论高低贵贱、贫富美丑，最难能可贵的是知道自己真正需要的是什么，追求的是什么，正确地做出自己的选择。做自己生活的主人，而不为世俗的观念所困惑。生活中，你应该清楚什么东西适合你，你适合做什么。如果你是一只鸡，你就从土里刨食找乐趣，如果你总是羡慕苍鹰在天空翱翔，就会连自己的那点乐趣也没有了。

一个叫黄美廉的女子，从小就患了脑性麻痹症，四肢和身体都失去平衡感，手足会时常乱动，口中念叨着模糊不清的词语，模样十分怪异。在常人看来，像黄美廉这样的人已经失去了语言表达能力和正常生活条件，更别谈什么前途与幸福了。但黄美廉硬是靠她顽强的意志，考上了美国著名的加州大学，并获得了艺术博士学位。她靠手中的画笔，还有很好的听力，抒发着自己的情感。

在一次演讲会上，一个中学生竟然这样提问："黄博士，你从小就长成这个样子，请问你怎么看你自己？"在场的人都责怪这个学生不敬，但黄美廉却十分坦然地在黑板上写下了这么几行字："一、我可爱；二、我的腿很长很美；三、爸爸妈妈很爱我；四、我会画画，我会定稿；五、我有一只可爱的猫；六……"最后，她以一句话作结论："我只看我所有的，忘记我所没有的！"

这是一种多么乐观的人生态度啊！要想获得幸福，就必须要接受和肯定自己。接受自己才能勇敢面对现实，肯定自己才能尽力发挥自己的优势。

相比黄美廉，大多高层主管实在幸福多了，他们有身份、有地位、有健康。那么，对自己的生活你还有什么不满的呢？

智慧分享

现代人把幸福都量化为了名车、豪宅等物质的东西。而人的物质欲望是永远也无法满足的。其实要获得幸福很简单，你只要认真倾听自己内心深处发出的声音就可以了。

第三章
享受生活,让自己成功并快乐着

一些高层主管让自己的每一天都在忙碌紧张中度过。他们认为自己没有权力享受生活,一旦放松就会一无所有。这些其实是误解了享受生活的涵义。事实上,只要你能调整心态,以快乐的角度去看待生活,充分利用闲暇时间,那么不需要放弃工作,你也会成为一个懂生活、会享受的人。

辛苦的工作中也有乐趣

　　人生不仅仅是在显示出这世界的美妙可爱，而且还在显示出那些新奇而层出不穷的发现，那些展现在我们面前的活动的画景和各种新的生活方式等等令人兴奋的新奇事物。这些事物丰富了人生，而且必然会使得人生更有意味，更臻完善。

——尼赫鲁

　　你是否因日复一日的劳碌而备感疲倦呢？你是否因繁杂的工作而心烦不已呢？其实，只要转变一下心态，你从工作中获得的就将是乐趣而不是烦恼了。

　　心理学家曾经做过这样一个实验。他把16名学生分成两个小组，每组8人，让一组学生从事他们感兴趣的工作，另一组的学生从事他们不感兴趣的工作。没过多长时间，从事自己所不感兴趣的工作的那组学生就开始出现小动作，再一会就抱怨头痛、背痛。而另一组学生正干得起劲呢。这个试验告诉人们：人们疲倦往往不是工作本身造成的，而是因为工作的乏味、焦虑和挫折所引起的，它消磨了人们对工作的活力与干劲。

　　"我怎么样才能在工作中获得乐趣呢？"一位高层主管抱怨说，"我最近作了一项错误决策，公司亏损了20多万元，这一年我都笑不出来了。"

　　很多人就常常这样把自己的想法加入既成的事实。一位英国人说过这样一句名言："人之所以不安，不是因为发生的事情，而是因为他们对发生的事情产生的想法。"也就是说,兴趣的获得即是个人的心理体验,而不是发生的事情本身。

事实上,生活中的很多时候,我们都能寻找到乐趣,正如阿伯拉罕·林肯所说的:"只要心里想快乐,绝大部分人都能如愿以偿。"但现实中的许多人不是从生活中、工作中去寻找乐趣,而是去等待乐趣,等待未来发生能给他带来快乐的事情。他们以为自己结婚以后,找到好工作以后,买下房子以后,孩子大学毕业以后,完成某项任务或取得某种成功以后,就会快乐起来。这种人往往是痛苦多于快乐。他们不理解快乐是一种心理习惯,一种心理态度。这种态度是可以加以培养发展起来的。心理学家加贝尔博士说:"快乐纯粹是内在的,它不是由于客体,而是由于观念,思想和态度而产生的。不论环境如何,个人的活动能够发展和指导这些观念、思想和态度。"

这些观点尽管有一些偏激,但它可以支配人们排除外界条件的影响,还可以帮助人们对生活中司空见惯的工作带来新鲜的、朴实的感觉,不管这项工作对其他人来说也许早已变得多么乏味。每一件事,每一个人,从一定的意义上说都是珍奇独特的,只要愿意,这一切都是无穷无尽的快乐的源泉。只要你用快乐的心情去感受,你就能感到你工作的快乐。这里介绍几种从工作中获得乐趣的方法:

(1)把工作看成是创造力的表现。

现实中的每一项工作都可以成为一种具有高度创造性的活动。一位教师上一节好的课,不逊色于编排一出精彩的戏剧;一个运动员完美无缺的动作,从创造的角度来看,可以与十四行诗那样的作品相媲美,并且可以获得同样的精神享受。而作为企业高层主管的你,更是有无限发挥才能的空间,你掌握着整个企业的命脉。

(2)把工作看成是自我满足。

为了自我满足而从事体育运动是一种乐趣。如果这是强制的运动,就未必是愉快的。一位产科大夫似乎心情特别愉快,因她刚刚接生了第100名婴儿。一名足球运动员也因他刚踢进第100个球而欣喜若狂。现在,他又为自己能踢进第101个球而兴高采烈地开始了新的训练。

(3)把工作看成是艺术创作。

一位教授指着一位在附近挖排水沟的工人赞赏说:"那是一个真正的艺人。看那些污泥竟能以铁锹上的形状飞过空中,恰好落到他想让它落下的地方。"

每个人都可以把自己的工作当成艺术创作,把自己单调、枯燥的打字看成是在钢琴前创作新的圆舞曲;把在厨房炒菜看作是油画创作,油、盐、酱、醋就是你的颜料,炒出的新花样就是你创作的新作品。

(4)把你的工作变为娱乐活动。

把工作看作娱乐,就能以工作为消遣。在实际中很多人正是这样做的。请记住劳动和娱乐的不同就在于思想准备不同。娱乐是乐趣,而劳动则是"必做"的。

学会从工作中获得乐趣,即在苦中亦能寻乐,那将是你人生成功的又一秘诀。

　　心理上的疲倦感比肉体上的体力消耗更让人难以应付。既然我们无法停止工作,那么何不换种心态去看待工作呢?努力挖掘工作中的乐趣吧,这样你会生活得更轻松。

爱好，让你心灵更富足

> 内容充实的生命就是长久的生命，我们要以行为而不是时间来衡量生命。
>
> ——小塞涅卡

忙碌的工作之余，你应该给自己寻找一些能够充实生活，让生活变得生动有趣的东西——例如爱好。

爱好可以给人一种对快乐的期望与感受。而且，爱好越是强烈，这种期望与感受也越强烈。

兴趣和爱好都是人所不可或缺的，它们对人的需求是一种满足、调剂与丰富。任何需求得到满足，都会给人一种愉快的感觉。但是，犹如同样一顿饭，饥饿者和饱食者的感受并不相同，需要本身的强烈程度也直接影响到人的快乐程度。这就是兴趣、爱好的程度越是强烈，当它满足时给人的快乐也越强烈的原因所在。

而且，努力培养自己对厌烦事物的兴趣与爱好，这是享受快乐的一大良方。面对讨厌的事物，理所当然是难以感到快乐的。其实不然，当你培养起对厌烦事物的兴趣与爱好时，神奇的变化发生了：这些事物赋予你的将不再是烦躁，而是无穷的乐趣。

而且你不必担心爱好会耽误你的工作。恰恰相反，如果它是健康的，反而会提升你的工作质量。

高层主管工作笔记

美国前总统富兰克林·罗斯福即使在战争最艰苦的年代里，仍然坚持每天抽出一点时间来从事自己的小爱好——集邮。做自己喜欢做的事，可以让他忘记周围的一切烦心事，让心情彻底放松，让大脑重新清醒起来。

小爱好不但可以愉悦身心，放松心情，而且还有延年益寿之功。有人做过这样的研究，他们试图找到长寿老人的共同特点。他们研究了食物、运动、观念等多方面因素对健康的影响，结果令人惊讶。长寿老人们在饮食和运动方面几乎没有完全共同的特点，但有一点却是共同的，即他们都有自己的小爱好，并且把这作为自己的人生目标而为之奋斗，这是他们的精神寄托。

所以，无论你对生活多么不满，一定要有人生目标，要有点爱好，有点精神食粮。因为它能使你看轻人生的使命，能让你找到心灵家园，从而使人生更有意义。

在美国长岛，有一位名叫莱伯曼的百岁老人，他头发花白，但精神矍铄，老人看上去最多不超过80岁。据老人讲，他根本没想到自己能活这么大年纪。因为他在80岁的时候，曾对生命失去了兴趣，以为自己到了寿终正寝的时候。那时他健康状况很差，看上去像是真的要不行了。可一次偶然的机会，他与绘画结缘。从此，他迎来了自己人生的第二次青春。

莱伯曼是在一家老年人俱乐部里和绘画结下缘分的。那时，莱伯曼歇业已多年，他常到城里的俱乐部去下棋，以此消磨时间。一天，女办事员告诉他，往常那位棋友因身体不适，不能前来。看到老人的失望神情，这位热情的办事员就建议他到画室去转一转，还可以试画几下。

"你说什么，让我作画？"老人好奇地问道，"我从来没摸过画笔。"

"那不要紧，试试看嘛！说不定你会觉得很有意思呢！"在女办事员的坚持下，莱伯曼到了画室，平生第一次摆弄起画笔和颜料，但他很快就入迷了，周围的人也都认为他简直就是一个天生的画家。81岁那年，老人开始去听绘画课，开始学习绘画知识。从此，老人感到重新找到了生活的乐趣，精神一天天好了起来。

1997年，洛杉矶一家颇有名望的艺术陈列馆专门为莱伯曼举办了一次画展。此时，已年过百岁的莱伯曼笔直地站在入口处，笑容满面，迎接参加开幕式仪式的来宾。许多有名的收藏家、评论家和新闻记者全都慕名而来。作品中表现出来的活力，赢得了许多观众的赞赏。

老人在展览后接受采访时地说："我不说我有101岁的年纪，而是说有

> 第三章
> 享受生活，让自己成功并快乐着

101年的成熟。我要借此机会向那些自认为上了年纪的人表明，这不是生活暮年，不要总去想还能活到哪年，而要想还能做什么。着手做点自己喜欢的事，这才是生活。"

生活中，如果你能每天抽出一点时间来做自己喜欢做的事，将会使心灵更美好，生活更有情趣，生命也更有意义。

爱好是可以培养的，行动起来吧！从现在起找一项让自己感兴趣的爱好，这样你的生命就不会再枯燥乏味，你的身心也可以得到放松。

享受适度的酒乐生活

快乐不能靠外来的物质和虚荣,而要靠自己内心的高贵和正直。

——罗曼·罗兰

适量饮酒与音乐可以放松身心。当繁重的工作使你感到烦闷和疲惫时,便可以尝试一下。

在古代,酒最大的用途就是浇愁解闷。古时战乱不断,人们整日为生存颠沛流离。生活的忙碌,使人们越发感觉到生命的短暂和不可确定。这种感觉在平时是无法宣泄出来的,只有在酒酣之后,才会在精神上感到放松。所以说,酒,实际是开启人心灵之门的一把钥匙。没有酒,便没有李白怒骂权贵的狂傲诗篇;没有酒,便没有曹操那"慨当以慷,忧思难忘。何以解忧?唯有杜康。"的千古绝唱。其实现代人比古人更是忙碌。只不过现代人更懂得压抑,懂得控制自己的感情,不会像曹操一样挥洒着对人生的感慨罢了。

此外,古人还以酒会友,所以"竹林七贤"个个都是酒鬼,也是酒友。最疯狂的大约要数刘伶。他出去,常携一壶酒,乘一鹿车,鹿车上放着锹。如果他醉死,人们便可以就地把他埋了。七贤的时代,人生的志向无法得以实现,外在的压力把每个人都封锁起来。平庸的人无奈地平淡的生活下去直至萎靡死亡;超俗的人把郁闷宣泄成为怪诞,成了"狂"。然而他们也不知道这"狂"的尽头会是什么。刘伶的境界折射出压力下人生的不可把握:"结果"是无法预料的,人们能做的只是尽享眼前的欢乐!因此,宣泄,其实并没有什么原因，只是生命的压力太重；宣泄，其实也不为什么结果，因为狂放的背后，常常是更大的无奈。

大凡痛苦都会有一个根源：平凡的人想拥有不凡的未来，不凡的人又怀念平凡的过去。这种矛盾的期待，也许便是人生一切苦恼的症结所在。理想与现实，永远不可能真正地统一。这种苦恼，缠绕着古往今来的每一个人，这也正是从古至今，人们都借酒浇愁的原因。因此当你为某事而烦恼的时候，不妨热上一壶小酒，或是来上一瓶啤酒，独自一人坐下来慢慢享用，暂时把烦恼放在一边。有人说借酒浇愁愁更愁，其实不然。喝酒以后的愁，是一种释放，是淤积于心的苦闷的宣泄，而宣泄以后则会大彻大悟。

除了饮酒外，听音乐同样也可以使人得到放松。

在医学上有一个著名的"莫扎特效应"，就是说当你听一曲莫扎特音乐之后，你的大脑活力将会增强，思维更敏捷，运动更有效，甚至可缓解癫痫病人等患神经障碍的病人的病情。六年前，研究者证明，在IQ测试中，听莫扎特的受试者得分比其他人更高。

1975年，美国音乐界的知名人士金太尔夫人因乳腺癌缠身，身体状况每况愈下，濒临死亡的边缘。这时候，金太尔夫人的父亲不顾年迈体弱，天天坚持用钢琴为爱女弹奏乐曲。或许是充满爱心的旋律感动了上苍。两年之后，奇迹出现了，金太尔夫人胜利地战胜了乳腺癌。重新康复后，她热情似火地投身于音乐疗法的活动，并出任美国某癌症治疗中心音乐治疗队主任。金太尔夫人弹奏吉他，自谱、自奏、自唱，引吭高歌，帮助癌症病人振奋精神，与绝症进行顽强的拼搏。

德国科学家马泰松致力于音乐疗法几十年，在对爱好音乐的家庭进行调查后他注意到，常常聆听舒缓音乐的家庭成员，大都举止文雅，性情温柔；与低沉古典音乐特别有缘的家庭成员，相互之间能够做到和睦谦让，彬彬有礼；对浪漫音乐特别钟情的家庭成员，性格表现为思想活跃，热情开朗。他由此得出结论：旋律具有主要的意义，并且是音乐完美的最高峰。音乐之所以能给人以艺术的享受，并有益于健康，正是因为音乐有动人的旋律。

音乐是起源于自然界中的声音，人与自然息息相关，所以音乐对人的精神、脏腑必然会产生相应的影响。音乐主要是通过乐曲本身的节奏、旋律，其次是速度、音量、音调等的不同而产生疗效的各异。在进行音乐治疗时，应根据病情诊断，在辩证配曲的原则下，选择适当的乐曲组成音疗处方。

烦恼时听听音乐,能重新燃起生活的热情,唤起人们对美好生活的回忆和憧憬,使人心理趋于平静,心绪得到改善,精神受到陶冶。

既然音乐有这么多用处,不妨在工作之余,茶余饭后,戴上耳机,听一曲柔美舒缓的音乐,让身心在优美动听的节奏中彻底放松。

酒和音乐都是容易让人沉迷的东西,因此要注意适度原则,凡事过犹不及。

第四章
反思自我,自信地迈入人生下半场

尽情享受独处的妙处

寂寞是一种清福。

——梁实秋

当你感到工作压力太大,内心烦躁时,最好的解决办法就是躲到寂寞中去享享清福,放松一下身心。

西方有位哲人在总结自己一生时说过这样的话:"在我整整75年的生命中,我没有过过四个星期真正的安宁。这一生只是一块必须时常推上去又不断滚下来的岩石。"所以,追求宁静,或者是追求寂寞对许多人来说成了一个梦想。由此看来,寂寞并不是每个人都能享受的。

可是,现实生活中,也不乏许多人害怕寂寞,时时借热闹来躲避寂寞,麻痹自己。红尘滚滚中,已经很少有人能够固守一方清静,独享一份寂寞了。更多的人则脚步匆匆,奔向人声鼎沸的地方。殊不知,热闹之后的寂寞会更加寂寞。我辈之人,如能在热闹中独饮那杯寂寞的清茶,也不失为人生的另类选择与生存。但是,寂寞并不是每个人都会享受的!对未来进行抗争的人,才有面对寂寞的勇气;在昔日拥有辉煌的人,才有不甘寂寞的感受;为了收获而不惜辛勤耕耘流血流汗的人,才有资格和能力享受寂寞。

许多人把失意、伤感、无为、消极等与寂寞联系在一起,认为将自己封闭起来,就是寂寞。其实,这是一种误解。倘使这样去超越生活,不仅限制生命的成长,还会与现实隔阂,这样的人只是逃避生活。

第四章
反思自我，自信地迈入人生下半场

寂寞是一种享受。在这喧嚣的尘世之中，要保持心灵的清静，必须学会享受寂寞。寂寞就像个沉默少言的朋友，在清静淡雅的房间里陪你静坐，虽然不会给你谆谆教导，但却会引领你反思生活的本质及生命的真谛。寂寞时，你可以回味一下过去的事情，以明得失；也可以计划一下未来，未雨绸缪；你可以静下心来读点书，让书籍来滋养一下干枯的心田；也可以和妻子一起去散散步，弥补一下失落的情感；还可以和朋友聊聊天，古也谈，今也谈，不是神仙，胜似神仙。

寂寞，是一种难得的感受。当你想要躲避它时，表示你已经深深感受到它的存在。此时，不妨轻轻地关上门窗，隔去外界的喧闹，一个人独处，细心品味寂寞的滋味。坐在桌前，点一炉檀香，冲一杯咖啡，翻一本酷爱的图书，感受久违的纸墨清香。当然，如果你愿意，尽可以什么都不干，只是坐在那里沉思，思考人生，思考大脑中存储的一切。如果你愿意，你也可以什么都不想，只是一个人静静地呆上一会，让大脑暂时处于休眠状态。

寂寞，是知心好友。在你心烦时，不会打扰你，也不会对你有所求。热闹需要外求，而寂寞是随时与你同在。在你需要时，它便轻轻地来到你身边，静静地听你倾诉心声。它能为你保守秘密，虽然它无言无语，却能让你更好地认清自己。它不会对你指手划脚，却能让你以更加自信的步伐迈出人生的下一步。

因此，当你对工作、生活感到倦怠时，不妨找个空间独处，这应该不是一件难办的事吧。

独处时可以让人充分感受宁静祥和，忘却争斗与烦恼，如同走出喧闹的都市进入万籁俱寂的旷野一般，让人心旷神怡。此时独坐一室，于清茶中品味人生，则生命的目的因此明晰；在书中品味生活，则生活更加多彩多姿。

人在充满焦虑的时候，灵魂和内心更需要独处时的宁静。这片宁静可能在高山上，也可能在大海边，更可能藏在一所乡村小屋中。只要敢于独处，用心去体味，就能体会到它的妙用。

独处之时，你可以把脑海中各种想法都释放出来，冥想白天令人愤怒时的情景。在冥想的宁静之中经过加工的愤怒与烦恼，再次返回大脑的记忆时，已不带有任何感情色彩，不会对我们形成伤害，也不会带来压力。

总之，不要害怕寂寞。它能够使你暂时放下心中的惦念，获得片刻悠闲，很多时候，享受寂寞就是在享受生活。

当快节奏的生活,无休止的工作压得你喘不过气时,不妨试试享受寂寞,独处时的宁静不仅可以使你放松身心,还能提高你分析问题的能力。一举两得,何乐而不为呢?

第四章
反思自我，自信地迈入人生下半场

读书是最高境界的人生乐趣

读书给人以乐趣，给人以光彩，给人以才干。

——培根

读书除了可以获取知识外，还是一种不错的休闲方式。离开书本的日子将是十分苍白和乏味的。

程颐说："外物之味，久则可厌；读书之味，愈久愈深。"张竹坡说："读到喜、怒俱忘，是大乐处。"苏东坡说："腹有诗书气自华。"衣着，赋予你外在的美；读书，才能给你气质的美。拥有了书，生命也就有了寄托。

托尔斯泰酷爱博览群书。在他的私人藏书室，参观者可以看见13个书橱，里面珍藏着2.3万多册20余种语言的书籍。这些藏书为他的创作提供了大量的原始材料。据说，他喜欢把书借给别人看，与他人共享读书的快乐。

读书，是一种美丽的行为。在读书中，天上人间，尽收眼底；五湖四海，就在脚下；古今中外，醒然可观。读书，让我们懂得什么是真、善、美，什么是假、丑、恶；读书，让我们丰富了自己，升华了自己，突破了自己，完善了自己。

读书是一种享受。常读优美感人的文章，可以把读者引进一个轻松愉快的审美意境，使读者产生忘却一切纷扰的感觉，从而心旷神怡，心情舒畅，神情开朗。

捧书卷，闻墨香，那感觉如同盛夏里吸吮冰凉的饮料，甜滋滋、凉悠悠。

读书，让你品味人生的酸甜苦辣，体味生活中的各色景观。

人是需要读一些书的，许多人在生活中迷失了方向，通过读书可以把自己从物欲名利中超拔出来，塑造美好的生活观念。

喜好读书是好习惯，然而喜读书还要善读书，善读书还要善用书。读书要有所选择。漫无目标，无书不读的人，他们的知识很难精湛。读书无选择，便只能当一个书架，你放上什么书，它便容纳什么书。读书即使是抱着欣赏的态度，总也有喜欢和不喜欢的书吧！就像交友一样，有的人可以成为无所不谈的知己，而有的人则只能是泛泛之交，有的人则需敬而远之。

身为企业高层主管的你可能会感到为难：自己每天都有那么多的工作要处理，哪有时间读书呢？

你没有大块的时间用来读书，那么每天抽15分钟读书总可以办到吧。每天阅读15分钟，这意味着你将一周读半本书，一个月读两本书，一年读大约20本书，一生读1000或超过1000本书。这是一个简单易行的博览群书的好办法。从你一生的心理成长规律、空闲时间安排以及普遍的需要出发，你的一生至少需要深读1000本专业以外的书籍，包括文学、科学、医学、哲学、历史、法律、艺术以及其他方面的作品。

现在我们的生活是丰富了，却再也无法轻易获得那种阅读的单纯快乐。我们经常对人抱怨城居生活的苍白与恶俗，抱怨着无处不在的汽笛声和城建的机器声如何可怕地阻碍了自己读书和思考的兴致……殊不知，这所有的抱怨只是一种借口，一些浮华的尘埃已落入我们心中并挥之不去了。

我们唯一需要的是读书的决心。有了决心，不管多忙，你一定能找到这15分钟。同时，手上一定要有书。一旦开始阅读，这15分钟里的每一秒都不应该浪费。事先把要读的书准备好，床上放上一本书，卫生间放上一本书，饭桌旁边也放上一本……当你心生烦恼或忧愁，觉得形单影只，或觉得受到委屈、沮丧，有怨恨情绪时，请把与你心境有关的书籍抽出来阅读。

古人曾说"三日不读书，面目可憎，语言无味。"所以请多找点时间阅读吧，与书相伴才是最富足的人生。

读书是一件美好而有意义的事，潜移默化中你对世界万物的着眼角

第四章
反思自我,自信地迈入人生下半场

度开始发生变化。你会用心去体会人生的真正涵义,能够快乐积极地对待生活,学会欣赏美并去创造美。你将踏着智者们的思想阶梯逐步达到一定的领悟境界,认知到宇宙自然的博大而自身的渺小。

不要在忙碌中失去自我

内容充实的生命就是长久的生命,我们要以行为而不是时间来衡量生命。

——小塞涅卡

忙,是身为高层主管的共同感受。早晨一睁开眼,紧张忙碌的生活就开始了。步履匆匆,总觉得生活充满十万火急的紧急情况。好不容易下班了,可还要把一些未做完的工作带回家去做。生活好像是一场战斗,忙得腰酸背疼……

日子就这样一天天地过去了。有一天我们偶尔停下来一想:"哦,我已经很长时间没有和妻子去电影院了。""上次和朋友一块儿去爬山,多快活呀!"只是,那是在三年前,还是五年前?

作为高层主管,我们好像失去了生活的目标,每天就是在"与时间赛跑"。就好像有一支无形的"枪"在抵着我们的后背,命令我们:"立即做好这件事!""立即做好那件事!"……我们像可怜的牛马,被无穷无尽的事务驱赶着……

忙碌首先影响我们的健康——食欲不振、缺少睡眠、心脏病、高血压、神经衰弱……

我们也淡漠了亲情、友情——我们挤不出时间常回家看看,更谈不上给爸爸捶捶背、帮妈妈洗洗碗,同样也没有时间带孩子去游戏场玩个痛快……

第四章
反思自我,自信地迈入人生下半场

我们还丢掉了自己的许多爱好和乐趣,例如读书、下棋、散步、体育锻炼……

随着现代科技的发展,我们拥有了电脑、手机、因特网、汽车……我们本以为这些东西可以减轻我们的忙碌,谁知它们又给我们的生活带来了新的忙乱。

英国的一位中年记者这样写道:"尽管人类的身体并没有发生变化,但现代人睡眠的时间却越来越短,而且睡眠质量也在下降。白天的时间被延长,首先是因为有了火,后来是电灯,现在则是玩电子游戏、上因特网聊天、看电视或繁重的工作。现在的人比20年前的人睡眠时间减少了20%。现在的社会已经变成了一种'24小时的社会',一切都在持续不断地运转。"

我们真的必须这样忙碌吗?有些事我们不做或放到明天再做行不行?我们有必要把自己搞得这样紧张吗?

有位女士因为应付不了日常生活的忙碌紧张,去找心理医生。她描述了从起床到上班这段时间要做的一系列事,其中有一件事是整理床铺。医生建议她试试两周不整理床铺。她当时很吃惊,但还是接受了这一建议。她40年来第一次不用整理床铺,结果什么灾害都没发生。两周后,她笑容满面,轻快地走进医生的办公室。她说:"你猜怎么着,我现在也不把餐具擦得锃亮了。"

那位女士学会了选择,她也容许自己不必十全十美,她从忙碌中解放了自己。

你需要给自己要做的一大堆事情排定一个优先顺序,随时自问:什么才是要紧事?这将非常有助于你把握正确的生活轨迹。否则,你会发现自己很快又忙乱起来,迷失在一堆杂务之中。知道"什么才是要紧事",你就会发现,你现有的某些选择与你既定的生活目标冲突,你就完全可以把它们从你的工作表中划去。

我们并不是为了忙碌而工作,而是为了让自己活得更幸福而工作。所以,你应该时常问问自己,是不是忙碌得忽略了生活。

与不良生活方式说再见

健康的身体是灵魂的客厅,病弱的身体是灵魂的监狱。

——培根

企业高层主管往往有许多不良生活习惯,这与他们终日忙碌的工作方式有关。事实证明,不良生活习惯对健康有极大危害。

(1)不吃早餐。

许多企业高层主管习惯不吃早餐。不吃早餐会损伤肠胃,使人无法精力充沛地工作,而且还容易衰老。美国加州大学最近一次调查发现,在接受研究的4000个40岁以上的男人中,习惯不吃早餐的人死亡率高于对照组。

(2)饭后松腰带。

生活中我们可以看到,一些男士吃得太饱时,总习惯将腰带放松一些。殊不知,这样会使腹腔内的压力下降,消化器官的活动和韧带的负荷量增加,易引起胃下垂,还会促使肠蠕动增加,出现上腹胀、腹痛、呕吐等消化系统疾病。

(3)饭后吸烟。

有一句话叫做:"饭后一支烟,赛过活神仙。"其实饭后吸烟祸害无边。医学家研究表明,饭后吸一支烟中毒量大于平常吸10支烟的总和。因为饭后,人的胃肠蠕动加强,血液循环加快,这时人体吸收烟雾的能力进入"最佳状态",烟中的有毒物质比平时更容易进入人体,从而更加重了对人体健康的损害程度。

（4）很少喝水。

有些人为了工作和少上卫生间而尽量少喝水，结果造成饮水不足，体内水分减少，血液浓缩及粘稠度增大，容易导致血栓形成，诱发心脑血管疾病，还会影响肾脏清除代谢的功能。所以在没有心脏和肾脏疾患的前提下，我们要养成"未渴先饮"的习惯，每天饮水 1000～1500ml，这样有助于预防高血压、脑溢血和心肌梗塞等疾病的发生。加拿大著名的精神医学博士阿·霍发就提出过"摄取水分不足将导致脑的老化"的学说。

（5）空腹喝奶。

一些人习惯晨起空腹喝一杯牛奶作为营养补充，这是很不科学的。供给人体热量最主要、最经济的来源应是碳水化合物，其次是脂肪，再次是蛋白质。空腹喝一杯牛奶，牛奶在胃里停留时间短，其中丰富的蛋白质和其他营养素与胃液不能发生酶解作用，得不到完全吸收。喝牛奶比较科学的方法是，先吃些含淀粉食物作为热量来源的基础，过 1～2 小时后再饮服牛奶，或喝牛奶时进食一些饼干、馒头之类的食品，使牛奶在胃中停留时间延长，牛奶中丰富的营养素就会完全被吸收。

（6）会餐。

33 岁的人们忙于事业，在外面应酬多，聚会是常有的事。同事交往、同学聚会、朋友相邀等都要举行会餐，而且会餐的形式不断更新，十几个人聚到一起一边吃饭一边唱歌、跳舞，餐桌上举杯轮番祝词、行酒令、吸烟，在密闭的包房内，用不了多少时间便乌烟瘴气、唾液飞扬，饭菜被人为地严重污染，有时一顿饭长达几个小时，这种吃法实在不科学。如果长期呆在这种环境里，必然有损健康。

不良的生活方式是危害高层主管身体健康的杀手，如果不及早改正，你就会成为自身健康的掘墓人。

智慧分享

不良生活方式给健康带来的危害也许不如疾病那么明显，但是发展到一定程度后，却可能让你各种疾病缠身。不想面临这种危局的话，就请从现在开始与不良生活方式说再见。